U0315836

移动式余热利用技术研究

郭少朋 著

北 京

冶金工业出版社

2015

内 容 提 要

本书通过对移动式余热利用系统的实验和理论研究,分析了该技术在应用过程中遇到的蓄热材料筛选、蓄热器内部材料变化规律等问题,并在此基础上结合数值模拟方法给出了蓄热器优化思路与方案。此外,还在参考移动式余热利用实验系统基础上,对实际应用规模的移动式余热利用系统进行了经济性分析,以期为移动式余热利用项目的推广和立项提供参考依据。

本书可供热能存储与利用工程技术领域的科技工作者阅读,也可供相关专业的教师、研究生参考。

图书在版编目(CIP)数据

移动式余热利用技术研究/郭少朋著 . —北京:冶金工业出版社,2015.1
ISBN 978-7-5024-6840-8

Ⅰ.①移… Ⅱ.①郭… Ⅲ.①移动式—余热利用—研究
Ⅳ.①TK11

中国版本图书馆 CIP 数据核字(2015)第 015235 号

出 版 人 谭学余
地 址 北京市东城区嵩祝院北巷 39 号 邮编 100009 电话 (010)64027926
网 址 www.cnmip.com.cn 电子信箱 yjcbs@cnmip.com.cn
责任编辑 李 臻 宋 良 美术编辑 吕欣童 版式设计 孙跃红
责任校对 郑 娟 责任印制 李玉山
ISBN 978-7-5024-6840-8

冶金工业出版社出版发行;各地新华书店经销;三河市双峰印刷装订有限公司印刷
2015 年 1 月第 1 版,2015 年 1 月第 1 次印刷
148mm×210mm;3.375 印张;99 千字;99 页
25.00 元

冶金工业出版社 投稿电话 (010)64027932 投稿信箱 tougao@cnmip.com.cn
冶金工业出版社营销中心 电话 (010)64044283 传真 (010)64027893
冶金书店 地址 北京市东四西大街 46 号(100010) 电话 (010)65289081(兼传真)
冶金工业出版社天猫旗舰店 yjgy.tmall.com
              (本书如有印装质量问题,本社营销中心负责退换)

前　言

　　工业部门每年产生大量的余热、废热，不仅降低了生产过程中的能源利用效率，也加重了我国的能源负担。针对这一问题，近些年来各工业企业纷纷开展了余热资源回收利用技术的研究与应用。然而，通过对余热回收利用现状的调研不难发现，目前余热资源的利用温度主要集中在230℃以上，230℃以下的低温余热资源仍未得到充分利用。另外，随着人们生活水平的提高，供暖需求量也越来越大。受到集中供暖管网的限制，部分无集中供暖的用户在冬季常常选择使用小型燃煤、燃油或燃气供暖系统。这类小型系统不仅能效低、污染大，而且成本高、经济性差。因此从以上问题出发，本书着重研究用于分散用户供暖的可移动式的余热利用系统，主要开展以下几个方面的研究工作：

　　（1）本书针对230℃以下的低温余热资源，根据材料相变温度、相变潜热、安全性、环保性、经济性等因素筛选了蓄热材料赤藻糖醇。在此基础上，对实验选用批次的蓄热材料进行了差式扫描量热法（differential scanning calorimetry，DSC）测试分析，获得了较为准确的蓄热性能参数。此外，本书还针对选用的材料进行了过冷度测试分析，为系统实验中的过冷现象分析提供了参考依据。

　　（2）应用筛选出的蓄热材料，根据移动式余热利用系统原理在实验室搭建了小型实验系统，进行间接式蓄热器的充放热实验研究，分析了蓄热材料在充放热过程中的温度变化情况和熔化凝固规律，并通过热效率和放热强度两个指标进行了间接式蓄热器的性能分析。

　　（3）本书进行了间接式蓄热器充放热过程的数值模拟研究，通过对条件的合理简化和假设，建立了相应的物理和数学模型，并将计算结果与实验数据进行对比分析，验证了模型的合理性。在此基础上，对通过提高蓄热材料的热导率、调整蓄热器换热管管径和布置方式以及添加直肋片等方法优化蓄热器的充放热性能进行研究。

（4）为了进一步强化蓄热器内的换热过程，本书还设计了导热油与蓄热材料直接接触换热的直接式蓄热器，并进行了相应的充放热实验研究。为了了解系统运行参数是否会对直接式蓄热器的充放热过程造成影响，从而为实际系统运行调节提供一些参考依据，本书对不同导热油流量条件下直接式蓄热器内材料的熔化凝固速率进行了研究。针对材料凝固后造成导热油在充热过程初期流动较弱的情况，研究了应用电热棒形成快速流道的方法。另外，本书还通过热效率和放热强度这两个指标进行了直接式蓄热器的性能评价。

（5）最后，在参考移动式余热利用实验系统的基础上，本书对实际应用规模的移动式余热利用系统进行了成本和收益估算。通过三个经济性指标（净现值、投资回收期和内部收益率）对移动式余热利用系统的经济性进行了研究，并结合影响系统经济性的几个不确定性因素如蓄热器充热时间、热源距离、余热价格等进行了敏感性分析。

由于编著者水平有限，书中难免存在不足之处，恳请读者批评指正。

作　者
2014 年 11 月

目　　录

1 绪 论

1.1 研究背景

能源是人类社会存在和发展的物质基础，也是衡量人类文明进步的重要标志。历次工业及科技革命的背后无不经历了能源开发与利用的巨大变革。随着社会的发展和科技的进步，人类对能源品质的要求越来越高，需求量也越来越大。图 1-1 是 1971～2009 年全球能源消费总量情况统计[1]。从图中可以看到，全球能源消费情况总体呈现持续增长的态势，传统化石类能源消费增长缓慢，生物质能、电能及其他类型能源的消费增长较快，整体能源消费结构趋于多样化。此外，分析图中各能源消费比例情况还可以发现，传统化石类能源的消费一直都占有绝对的主导地位。长期开采化石类燃料不仅会加速该类资源的枯竭，为未来社会能源危机的爆发埋下较大的隐患，而且大量使用该类能源将导致 CO_2 等温室气体的过度排放，

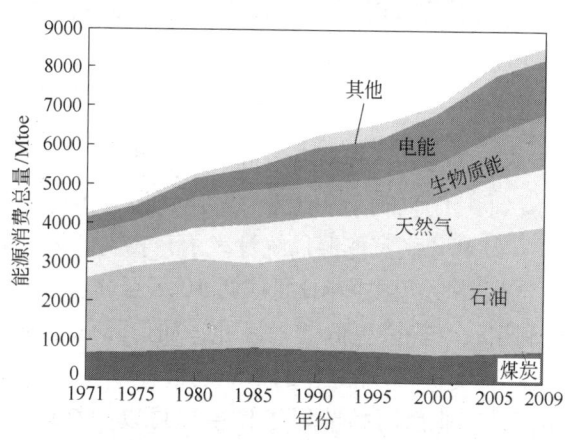

图 1-1 1971～2009 年全球能源消费总量情况统计

(1toe = 41.868GJ)

给人类赖以生存的环境资源造成严重破坏[2]。

图 1-2 是 1980~2010 年我国的能源消费情况统计[3]。对比图 1-1 可以发现，我国近 30 年来的能源消费增长速度要远高于世界平均水平。特别是 2000 年后，在我国经济快速发展的同时，能源消费总量急剧上升，其中煤炭消费量的增长尤为明显。对比我国和全球能源消费的构成情况可知，我国能源消费过度依赖于传统化石类能源尤其是煤炭资源，能源消费的结构过于单一。因此，增加其他类型能源的应用比例，完善和多样化我国的能源消费构成，就成为了目前我国能源发展的主要方向。

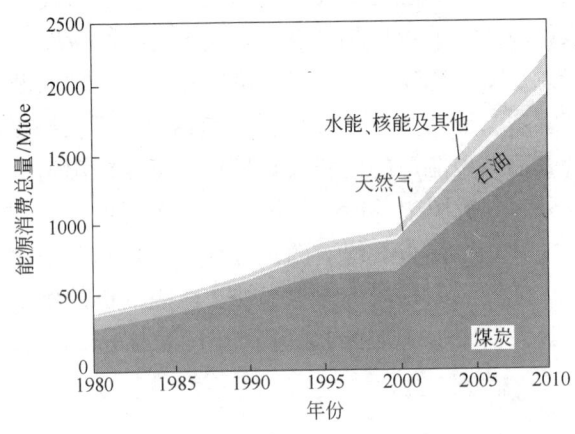

图 1-2 1980~2010 年我国能源消费情况统计

图 1-3 反映了 2010 年我国不同行业的能源消费比例情况[3]。从图中可以看到，工业部门的能源消费比例最大，约占我国总能源消费的 71%。2009 年国家能源局统计表示，我国总体能源利用效率约为 33%，与国外发达国家相比低了近 10 个百分点，而这其中工业部门的能源利用效率普遍更低[4]。因此，如何降低工业生产环节的能源消耗就成为了我国节能工作的重中之重。

总体而言，工业部门的节能工作主要可以围绕以下两点展开：(1) 对工业生产过程中的用能系统和设备进行优化改造，降低单位产能的能源消耗量；(2) 对生产过程中产生的余能、废能等及时回

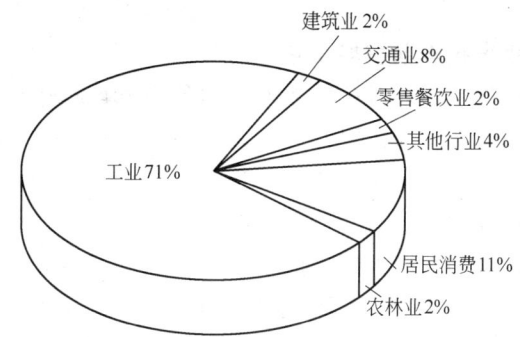

图 1 - 3　2010 年我国不同行业的能源消费比例情况

收和再利用,提高工业生产的能源利用效率。前者需要对现有生产系统和设备进行改造或更换,投资较大,而且对正常生产造成的影响较大;后者主要针对生产工艺流程中排放的烟气、废水、废气等资源进行回收,对主要生产环节的影响较小,更适合对现有工业生产系统进行节能改造。

　　此外,从图 1 - 3 中还可以看到,居民能源消费比例仅次于工业部门,位于我国能源消费行业的第二位,属于开展节能工作的另一个主要对象。

　　我国幅员辽阔,北方大部分地区属于需要冬季供暖的严寒或寒冷地区。据资料统计,近年来,我国北方地区城镇供暖能耗不断提高,已经占据了居民能源消费的较大比例[5]。为了实现高效清洁的供暖机制,我国从 20 世纪 80 年代开始逐步推广集中供暖模式。集中供暖是在用户的某一区域建立大型热源,通过敷设供热管网,将热量以热水或蒸汽的形式输送到用户处。由于采用大型锅炉代替了原有小型分散锅炉,锅炉效率得到了较大提高,不仅节约了大量燃料,而且有利于解决锅炉燃烧过程中的烟气排放和灰渣堆放问题,具有较好的经济、环境和社会效益,符合国家倡导的节能减排政策,是我国北方地区城镇供暖发展的主要方向。

　　然而另一方面,相比于小型分散式供暖系统而言,集中供暖系统又具有一个明显的不足之处,即受管网限制较为严重。由于管网敷设的建设周期较长、投资较大,远离热源和用户数量较少的地区管道敷设投资成本高，造成了该类地区供暖管网敷设率低的情况。此外，近些年来我国新型城镇化发展速度较快，部分城市结构调整力度较大，出现了一大批围绕原有城市建设和改造的周边大型生活区域及公共场所。如何在现有条件下，既满足该类用户的供暖需求，又避免出现由小型供暖系统过度应用造成的能源浪费和环境污染问题就成为摆在我们面前的又一个重要问题。

综上所述，结合以上谈到的工业部门和居民能源消费中存在的问题不难发现，一方面，我国能源消费量最大的工业生产部门存在着大量余能、废能；另一方面，在我国北方城镇的大部分无集中供暖管网敷设区域存在大量需要供暖的用户。因此，从这个问题出发，本书旨在寻找和研究一种新型供暖方式，将工业生产的余能、废能回收并输送到无集中供暖管网敷设区域的用户处，既可实现余能、废能的二次利用，又满足了用户的用热需求。

移动式余热利用技术（mobilized waste heat utilization，MWHU）正是基于以上分析开展的一项集余能与废能回收、蓄热和供热应用为一体的综合能源利用技术。它通过蓄热材料将余热源侧的余热进行回收，通过汽车、火车或轮船等交通工具将蓄热材料运输到用户处，然后通过热交换器将热量释放到用户处的供热系统中。当完成一次放热操作后，装有蓄热材料的蓄热器被运送回余热源侧进行重新充热，并准备进行下一次放热循环。移动式余热利用技术示意图如图 1-4 所示。

1.2 研究进展与应用现状

1.2.1 工业余热回收利用技术

工业余热主要指工业生产过程中热能转换及用能设备以废渣、废水、废气等形式排放出来的热能。按照余热资源的温度范围，可将其分为高温余热（高于 650℃）、中温余热（高于 230℃ 低于 650℃）及低温余热（低于 230℃）[6,7]。产生余热资源的主要工业行业有：（1）钢铁冶金行业；（2）石油化工行业；（3）热电行业；（4）造纸印刷行业；（5）制药及食品行业；（6）水泥建材行业等。

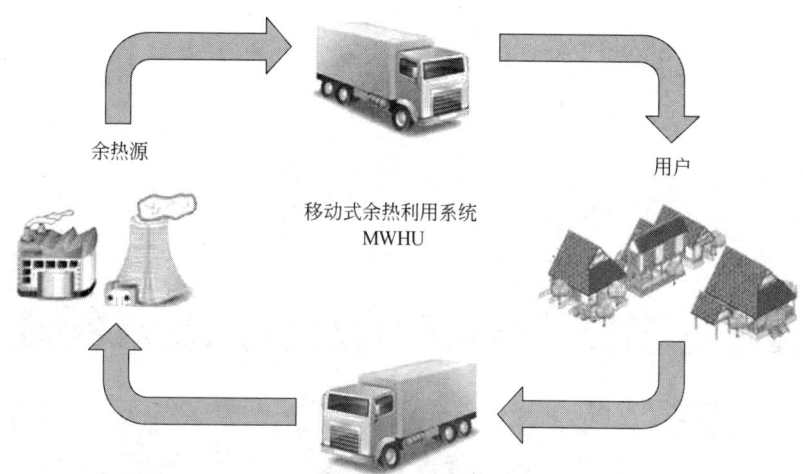

图 1-4　移动式余热利用技术示意图

如图 1-5 所示，余热资源的类型主要有烟气余热、蒸汽余热、工业产品余热、废渣、废料余热、冷却水余热和可燃废气余热等。

虽然工业余热的温度范围较大，来源较为广泛，但受到工业生产流程的影响，余热资源在某些工业部门往往存在间断性的问题。而且对于烟气类余热资源来说，由于其中灰分和氮、硫含量较高，容易造成余热回收装置换热表面积灰和腐蚀等问题。因此，工业余热回收系统的设计应结合原有生产系统，充分考虑回收设备的运行环境和使用条件，保证回收系统安全、高效运行。

目前，余热资源的回收利用形式较多，按照其在回收利用过程中用途和对象的不同，可以将其分为余热在工业生产中的利用技术、余热发电利用技术和余热制冷制热技术。

余热在工业生产中的利用技术是指通过换热器将工业部门产生的余热回收并直接用于生产过程的技术。由于热量在传递过程中的自身形式不改变，整个能量转换过程简便高效，是应用最为广泛的余热回收利用技术之一。目前，各大工业企业部门应用最多的方式是通过各类换热器回收烟气和其他类型废气的余热对燃料、加热介质或助燃空气进行预热。该类换热器一般多为间壁式换热器，冷热流体同时流过换热壁面进行间接式换热。常见的空气预热器和省煤器就属于该类型换热器。

图 1-5 余热资源类型

a—烟气余热；b—蒸汽余热；c—工业产品余热；d—废渣、废料余热；

e—冷却水余热；f—可燃废气余热

　　另外，针对具有周期性生产工艺特点的工业企业，为解决余热需求在时间上的不匹配问题，往往需要用到蓄热技术，如轧钢生产过程中的蓄热式燃烧技术[8]。武汉钢铁研究总院的杨柏松等人[9]进行了蓄热式燃烧技术的开发和应用研究，并分析了蓄热式燃烧炉的技术特点。图 1-6 是蓄热式燃烧的原理图。高温烟气与助燃空气交替进入蓄热器内实现余热的不连续回收与应用，降低了烟气排放温度，提高了热能利用效率。根据蓄热原理的不同，该类技术又可以分为显热式蓄热和潜热式蓄热。前者应用了材料固有的热容特性，

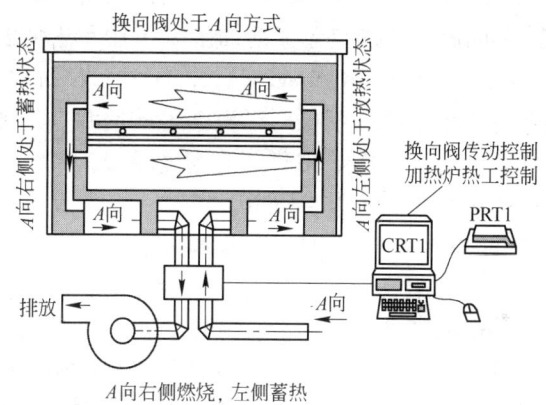

A 向右侧燃烧，左侧蓄热

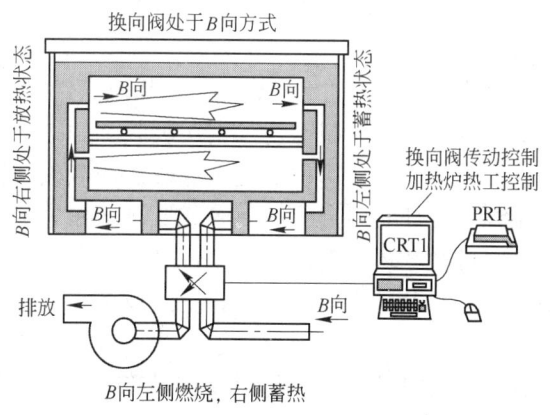

B 向左侧燃烧，右侧蓄热

图 1-6　蓄热式燃烧的原理图[9]

系统简单、使用寿命长，但体积一般较大，蓄热量有限。后者利用了材料发生相变时伴随的能量吸收和释放特性，单位体积的蓄热量较大。

余热发电利用技术是指利用余热热能将发电系统的做功工质加热产生蒸气进入汽轮机做功发电的技术。相比于常规火力发电系统而言，它的运行参数低、功率小，主要应用于水泥窑、焦化厂、钢厂高炉烧结等部门。

目前投产应用的余热发电系统多为中高温余热蒸气类发电系统，对余热资源的温度要求一般在380℃以上，限制了中低温余热资源的利用。针对这一问题，各国科学家纷纷展开了用于中低温余热发电的有机朗肯循环（organic Rankine cycle，ORC）研究[10~13]。利用ORC技术的余热发电系统，不仅可以根据工质的沸点选择利用合适温度的余热资源，而且有机工质蒸气的密度较大，系统设计更为紧凑、高效。目前国外设计和应用ORC技术已较为成熟，以色列的ORMAT、瑞典的ABB、意大利的Turboden等公司都相继开展了ORC技术的工程研究和应用。另外一种低温余热发电技术是以氨水混合物为工质的Kalina循环发电技术。它利用余热锅炉将氨水混合工质进行加热产生过热氨水蒸气送入汽轮机进行做功发电。由于工质的吸热蒸发过程为变温过程，可以更好地配合余热温度随生产工艺流程的间歇性变化，降低了换热过程中的不可逆损失，提高了余热利用效率[14~19]。

余热制冷制热技术是指利用余热低品位热能满足用户夏季供冷、冬季供热需求的技术。余热制冷技术利用吸收式制冷原理，将消耗电能的压缩机改为了可以应用中低温余热资源的吸收装置，节省了大量高品位能源，而且应用溴化锂-水或氨-水作为工质，避免了氟利昂类制冷剂对大气环境造成的污染和破坏。余热制热技术根据余热温度的不同，可以分为中高温余热制热技术和低温余热制热技术。前者利用中高温余热将回水加热后输送至换热站或用户侧，主要的换热设备为余热锅炉。后者利用吸收式热泵技术将低温余热的品位进行提升，实现了不同品位余热资源的梯级回收利用，是目前针对低温余热资源极为有效的回收利用手段。

1.2.2 相变蓄热技术

随着人们对能源需求的日益提高，在能源转换和利用过程中常常出现空间和时间上不匹配的矛盾。在能源供应与使用的中间环节急需一种可以根据用户要求控制能量储存和释放的技术。这种技术可以实现不连续的能量储存，并在需要时以连续的形式释放出来，从而提高能源系统的稳定性和利用效率。

根据能量类型的不同，能量存储技术又可以分为机械能存储、电磁能存储、化学能存储和热能存储。本书所要讨论和研究的重点主要集中于热能的存储与利用。目前，热能存储技术已经广泛应用于平衡电力系统峰谷差，解决某些可再生能源如太阳能的昼夜间断性问题，建筑保温和工业余热回收利用等方面。

热能存储技术又称为蓄热技术，根据原理的不同可以分为显热蓄热技术、潜热蓄热技术和化学反应蓄热技术[20]。显热蓄热技术利用了蓄热材料的热容特性，通过材料受热后内能的增大实现热能的存储。潜热蓄热技术利用了蓄热材质发生相态变化时分子间结构的改变来存储和释放热能。化学反应蓄热技术利用材料间发生可逆化学反应时释放和吸收热量来达到储存能量的目的。这三种蓄热技术的使用条件不同，各有优缺点。显热蓄热技术的稳定性较好，成本低，维护简单，但蓄热密度一般较小，适用于对热量需求不大的小规模系统应用；潜热蓄热技术和化学反应蓄热技术的蓄热密度较大，但成本相对较高，维护复杂，适用于对热量需求较大的中大规模系统应用。由于显热蓄热量较低，而化学反应蓄热过程复杂，稳定性易受环境影响，因此潜热蓄热技术是目前蓄热技术研究和应用的主要方向。

20 世纪 60 年代后期，美国国家航空航天局将相变蓄热技术推广应用到航天领域，标志着现代蓄热技术研究和应用的开始。70 年代，受到世界范围内能源危机的影响，相变蓄热技术开始受到越来越多的关注。1978 年，国际能源组织（International Energy Agency，IEA）成立了蓄热技术研究机构（Energy Conservation through Energy Storage，ECES），并在此后持续开展了一系列相变蓄热的相关研究[21]。

1980年美国的Birchenall和Riechman等人[22]研究了以Al、Cu、Mg、Si和Zn等为基体材料制备的二元和三元合金蓄热材料的特性。美国的Maria Telkes等人[23]深入研究了无机蓄热材料$Na_2SO_4 \cdot 10H_2O$，并在美国的马萨诸塞州建起了世界上第一座应用蓄热技术的被动式太阳房。同一时间，其他欧美国家也相继开展了蓄热技术研究。1981年德国的Abhat等人[24]将相变蓄热技术应用到了太阳能热水系统中，改善了由太阳辐射强度昼夜变化引起的水温严重波动问题。1984年挪威奥斯陆大学的Meisingset等人[25]测试和分析了多组无机水合盐蓄热材料的比热容和熔化焓。加拿大的Feldman等人[26]将22%的硬脂酸材料添加进了建筑围护结构的墙体里，研究了蓄热技术在建筑节能方面的应用。在亚洲，日本是开展蓄热技术研究较早的国家。20世纪70年代早期，日本开始了对水合硝酸盐、磷酸盐、氟化物和氯化钙等蓄热材料的研究。东京科技大学的Yoneda等人[27]针对太阳能热水系应用的$LiNO_3 - NH_4NO_3 - NH_4Cl$等几组无机盐类混合材料，研究了其过冷度、腐蚀性等问题。Yagi和Akiyama等人[28]研究了Al、Si合金作为相变蓄热材料的工业余热回收应用。

我国的相变蓄热技术研究始于20世纪80年代。华中师范大学的胡起柱、阮德水等人[29~31]研究了添加剂对三水合醋酸钠结晶速率的影响，并在随后对多元醇二元体系固 - 固相变储热和$NaNO_2 - NaOAc - HCOONa$三元体系相图进行了研究。华中科技大学的黄志光、吴广忠等人[32]进行了聚光太阳灶用高温金属相变贮能装置的研究。中国科学院广州能源研究所的张仁元等人[33]对合金相比蓄热材料及应用进行了研究，并应用相变点为577℃的Al、Si合金设计制造了电热相变储能热水热风联供装置，提高了原有热水储能装置的效率，节省了储能空间。清华大学的张寅平、杨睿等[34,35]研究了混合固相蓄热材料的热导率问题，并研究了正十四烷封装的胶囊相变蓄热材料的特性。

1.2.3 移动式余热利用技术

随着社会的发展和能源需求的不断提高，能源供给与使用间存在的协调性问题越来越大。一方面，能源需求在时间上的不均衡性造成了能源供给与应用的峰谷差；另一方面，热源与部分用户间距离较远且无适合的供给途径，给能源的合理利用造成了困难。

为了更好地应对能源供需在时间和空间上的匹配问题，2006 年国际能源组织 IEA 的蓄热技术研究机构 ECES 开展了为期三年的热能存储和运输研究（Annex18）[36]。其主要研究成员国日本北海道大学能量转化与材料研究所的 Kaizawa 等人[37]设计并建立了小型的移动式余热利用模型，研究了移动式余热利用系统材料熔化时的流动特性。东京核能与创新能源系统研究所的 Yukitaka 等人[38]对日本余热资源和移动式余热利用系统的应用范围进行了调研和总结。栗本铁工株式会社科技发展与研究所热工部的 Fujita 等人[39]利用无机相变材料醋酸钠和有机相变材料赤藻糖醇进行了低温余热收集和运输的应用研究。瑞典麦拉达伦大学的王维龙等人[40,41]对直接式蓄热器在充放热过程中的动态特性进行了深入研究，并对系统回收和应用的余热资源进行了综合分析。上海交通大学的王如竹等人[42]进行了移动式余热利用与吸收式制冷系统相结合的应用技术研究。德国的Altgeld 等人[43]以醋酸钠为蓄热材料研究了某农场小型生物质热电系统作为余热源的余热利用系统。德国斯图加特大学的 Ohl 等人[44]研究了应用导热油作为蓄热介质的移动式余热利用系统，并结合Württemberg 当地某电厂的热源情况对移动式余热利用系统的供热能力和潜在市场进行了分析。

在移动式余热利用系统的工程应用方面，日本建立了三个小规模的示范工程，具体情况如表 1-1 所示。

表 1-1 日本建立的小型移动式余热利用示范工程情况[39,40]

项目	示范工程 1	示范工程 2	示范工程 3
热源	日本群马县 SANYO 电子厂的蒸汽	日本清濑市污水处理厂焚化炉的废气	日本大阪栗本铁工某工厂退火炉的废气
用户	琦玉县的某铝厂	市体育馆	Sumiyoshi 工厂
距离	20km	2.5km	3km
用途	预热锅炉回水	吸收式制冷	洗浴

图 1 - 7 是表 1 - 1 中示范工程 3 的余热回收利用装置。

图 1 - 7 日本栗本铁工某工厂余热回收利用装置

德国的 TransHeat 公司研究并试制了带有内部换热器的直接式相变蓄热器，其单个蓄热器的供热能力可达 2.5 ~ 3.8MW·h，装置示意图如图 1 - 8 所示[45]。德国的 Alfred Schneider 公司应用无机相变蓄热材料醋酸钠进行了实际规模的间接式蓄热器示范应用研究，装置示意图如图 1 - 9 所示，参数如表 1 - 2 所示[46]。

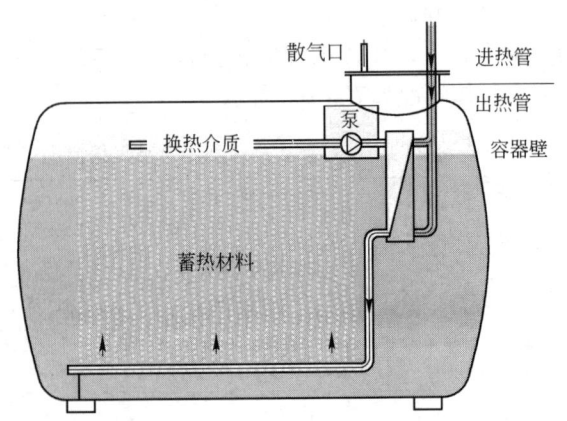

图 1 - 8 德国 TransHeat 公司的相变蓄热装置图

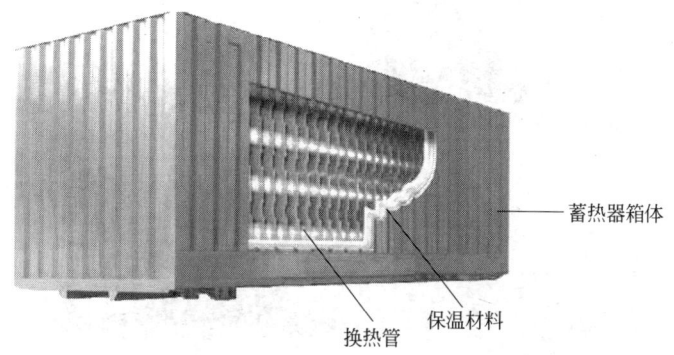

蓄热器箱体

保温材料

换热管

图 1 - 9　德国 Alfred Schneider 公司的相变蓄热装置示意图

表 1 -2　德国 Alfred Schneider 公司的相变蓄热装置参数

参　数	数　值
蓄热器质量/t	26
蓄热器尺寸/m×m×m	6.058 ×2.438 ×2.591
蓄热材料	醋酸钠
PCM 质量/t	22
供热能力/MW·h	2.4

　　德国某公司利用移动式余热利用技术在 Neu - Isenberg 建立了应用示范工程，回收当地电厂的余热资源为附近用户提供生活热水[40]。图 1 -10 是该项目的蓄热器正在充热时的情况。另外，德国某地的一个学校应用 TransHeat 公司的移动式余热利用系统回收当地某生物质电厂的余热进行供暖[47]。在瑞典，SSAB 钢铁公司在 Oxelösund 也建设过类似示范项目[45]。

　　国内开展移动式余热利用技术研究和应用起步较晚，目前市场上商业化运行的移动式余热利用系统主要有中益能（北京）技术有限公司研制生产的移动式蓄热车。它利用内置稀土相变蓄热材料的蓄热车回收当地电厂、钢厂、水泥厂等工业余热资源为附近用户提供生活热水和进行供暖[48]。图 1 -11 是中益能（北京）技术有限公司的移动蓄热车。

　　通过以上对移动式余热利用技术的调研不难发现，目前该技术

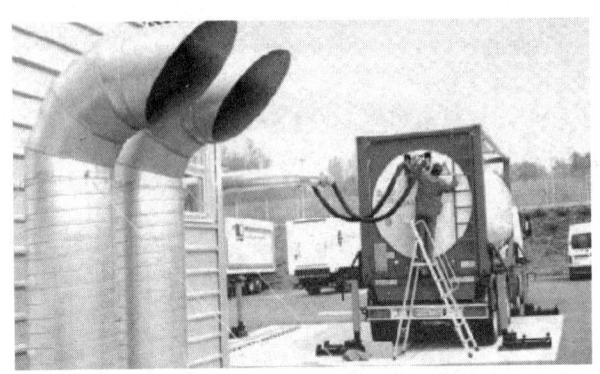

图 1 – 10 德国 Neu – Isenberg 某余热回收利用项目

图 1 – 11 中益能（北京）技术有限公司的移动蓄热车

在国内外还多处于研究和示范工程的应用阶段，现有系统的蓄热器也存在单位体积蓄热量低、对热源类型要求高等问题，甚至有媒体报道应用不合格的蓄热器曾导致充热时发生了爆炸事件，给系统操作人员和消费者的生命和财产安全造成了严重危害[49]。这些问题的存在影响了移动式余热利用技术的进一步推广和应用，因此，本书将结合我国低温工业余热资源，对移动式余热利用系统及其关键设备蓄热器作进一步深入研究。

2 蓄热材料的筛选与测试

在移动式余热利用系统中，热量的存储和释放主要是通过装载在蓄热器内的蓄热材料实现的。因此，筛选一种适合的蓄热材料就成为了系统设计与应用中极为重要的一个环节。本章根据相变温度、相变潜热、安全性、环保性、经济性等因素筛选了适合230℃以下低温余热资源回收利用的蓄热材料赤藻糖醇，并对实验选用批次的蓄热材料进行了差示扫描量热法 DSC 测试，获得了实验材料准确的蓄热性能参数。此外，本章还针对选用的材料进行了过冷度测试分析，为后面章节系统实验的过冷现象分析提供了参考依据。

2.1 蓄热材料的分类

蓄热材料的种类较多，按照存储热能原理的不同，可以将常见的材料分为显热蓄热材料、潜热蓄热材料和化学反应蓄热材料[50]。显热蓄热材料利用了材料的固有热容特性，蓄热性能稳定，热能存储和释放过程简单可靠。缺点是材料的单位体积储能能力低，实际应用过程中的蓄热装置体积较大。常见的显热蓄热材料有水、土壤、岩石等。潜热蓄热材料因热能存储和释放过程中伴随着材料相态的变化，因此又被称为相变蓄热材料。它利用了材料相态变化时分子间结构和分子间作用力改变伴随的能量吸收与释放过程进行能量存储利用。常见的相变蓄热材料按相态间的变化情况可以分为以下几种：（1）固－固相变材料；（2）固－液相变材料；（3）液－气相变材料；（4）固－气相变材料。由于后两种相态变化过程中伴随着气相材料的产生，在应用过程中材料的体积和压力变化较大，给蓄热设备的安全使用带来了一定隐患。因此，目前开展的相变蓄热材料研究主要以固－固相变材料和固－液相变材料为主。常见的固－固相变材料和固－液相变材料主要有无机盐类如碱及碱土金属的卤化物、硫酸盐、磷酸盐、硝酸盐、醋酸盐及碳酸盐等盐类的水合物，有机物类如烷烃类的石蜡、脂肪酸、多元醇等，以及金属和部分合金类[51]。化学反应蓄热材料利用了材料在正逆反应过程中吸收和释放化学能来存储热量。它的优点是储能密度大，缺点是应用过程中技术复杂、需要催化剂等其他材料的配合使用，应用过程中受限较多。常见的化学反应蓄热材料主要有 CH_4、SO_3、$Ca(OH)_2$ 等[52]。

按照使用温度的不同，蓄热材料又可以分为高温蓄热材料、中温蓄热材料和低温蓄热材料。高温蓄热材料的应用温度范围为 650℃ 以上，主要为一些无机盐类、氧化物类和金属类材料[53]。该类材料常应用于高温热电站及一些太阳能热利用系统。中温蓄热材料的应用温度范围为 230～650℃，常见的类型有陶瓷及一些无机盐类材料[54]，主要应用于各种工业蓄热器及中温热电系统。低温蓄热材料对应的应用温度范围为 230℃ 以下，常见的材料有各类结晶水合盐类、有机物类等[55]，主要应用于采暖和工业或生活用热水。

2.2　蓄热材料的筛选

在实际的工程应用过程中，相变蓄热材料的筛选往往需要结合热源侧的温度、压力、介质情况以及用户的用热温度等多方面情况进行考虑。无机类相变材料的熔点范围较大，包括了低温余热资源的大部分温度区间，使用范围广、价格便宜，是应用较为广泛的相变蓄热材料。但是，无机类相变蓄热材料在使用过程中存在一定程度的过冷现象，即在材料的放热过程中，当其温度低于凝固点温度时并不结晶凝固，而是继续保持原有相态一段时间后才发生凝固放热的现象[56]。由于相变潜热的释放发生在材料凝固过程中，过冷现象的出现导致了热量在释放过程中的不规律变化，影响了蓄热系统热量的正常释放与利用。另外，对于大部分结晶水合盐类的无机相变材料，相分离现象的出现也极大影响了该类材料的广泛应用。相分离现象的出现主要是由于结晶水和无机盐在经过多次结合和分离后，部分无机盐在重力作用下沉降到了容器底部，影响了其与结晶水的重新结合，形成了相分离，影响了材料的蓄热性能[57]。

有机类相变材料主要包括各类烷烃、脂肪酸和多元醇类有机物等[58]。该类材料的成型性较好，过冷和相分离现象程度较弱，材料的腐蚀性较小，同系有机物按照碳链长度的熔点变化规律性强，易于进行筛选工作。该类相变材料的主要缺点是热导率一般较低，在以导热为主的换热过程中热量储存和释放速度较为缓慢，一定程度上制约了该类材料的应用。

金属及其合金类蓄热材料具有较大的相变潜热，而且其热导率是其他种类相变蓄热材料的数十倍，单位体积的储能能力较大，设备占用空间少，对环境的污染程度小[59]。由于大部分金属及其合金类材料的熔点都较高，因此该类材料较为适宜用于高温余热资源的回收利用。

根据以上对常见的无机类、有机类和金属类相变蓄热材料优缺点的分析，并且考虑到应用230℃以下低温余热资源对蓄热材料充热时的换热温差，本书筛选了几种相变温度在150℃以下，适合低温余热资源回收利用的相变蓄热材料，如表2-1所示。

表 2-1　适合 230℃以下低温余热资源回收利用的蓄热材料[60~70]

材　料	相变温度/℃	相变潜热/kJ·kg^{-1}	热导率/W·(m·K)$^{-1}$	密度/kg·m^{-3}
硬脂酸 $C_{18}H_{36}O_2$	69 60~61 70	202.5 186.5 203	0.172(70℃)	848(70℃) 965(24℃)
联二苯 $C_{12}H_{10}$	71	119.2	—	991(73℃)
八水合氢氧化钡 $Ba(OH)_2·8H_2O$	78	265.7	0.653(86℃)	1660(84℃)
萘 $C_{10}H_8$	80	147.7	0.132(84℃) 0.341(50℃) 0.310(67℃)	976(84℃) 1145(20℃)
六水合硝酸镁 $Mg(NO_3)_2·6H_2O$	89	163	0.490(95℃)	1550(94℃)
木糖醇 $C_5H_{12}O_5$	95	264	—	1520(20℃)

材　料	相变温度/℃	相变潜热 /kJ·kg⁻¹	热导率 /W·(m·K)⁻¹	密度/kg·m⁻³
六水合氯化镁 $MgCl_2 \cdot 6H_2O$	117	168	0.570(120℃)	1450(120℃)
赤藻糖醇 $C_4H_{10}O_4$	118	339	0.733(20℃) 0.326(140℃)	1300(140℃)
高密度聚 乙烯 HDPE	120~150	200	0.39(25℃)	956(25℃)

　　通过对表 2 - 1 中各蓄热材料热物性参数和蓄热能力的比较可知，相变蓄热材料赤藻糖醇的相变潜热最大，为 339kJ/kg。选用该材料进行相变蓄热应用可以在相同蓄热量的情况下减少蓄热材料的质量和蓄热装置的体积，降低单位蓄热量的运输成本，增加移动式余热利用系统的经济性。此外，目前市场上常见的赤藻糖醇一般为玉米或小麦淀粉发酵转换而来，可用作食品添加剂，无毒、环保、安全性高。日本的 Kakiuchi 等人[66]对赤藻糖醇的一些基本蓄热参数进行了测试，并得到结论证明其相变潜热较大，在应用过程中基本无相分离现象，适合作为蓄热材料应用。此外，通过表 2 - 1 可知，文献报道中赤藻糖醇的相变温度为 118℃，即使考虑与余热源的换热温差后，其相变温度也较适合于绝大部分低温余热资源的回收应用。

　　除了具备适合热源的相变温度和具有较高的相变潜热外，经济性也是进行蓄热材料筛选的一个重要指标。为了符合实际工程应用情况，降低移动式余热利用系统的投资成本，本实验选择了山东滨州三元生物科技有限公司生产的工业级别赤藻糖醇进行蓄热实验研究。其价格约为 25 元/kg[71]，在表 2 - 1 中列举的蓄热材料价格中属于中等水平，符合蓄热材料的经济性要求。因此综合以上几个因素，本实验选用赤藻糖醇作为移动式余热利用系统的蓄热材料进行研究。

2.3　蓄热材料的测试

　　以上列举的关于赤藻糖醇的研究文献中，由于产品纯度和生产标准的不同，材料的相变温度和相变潜热会产生一定变化。因此，为了在实验过程中得到较为准确的相变蓄热参数，给后续实验分析提供较为翔实的数据，本书针对选用批次的赤藻糖醇进行了相变潜热和相变温度的测试分析。此外，为了进一步掌握和了解该材料在应用过程中的过冷情况，本书进行了赤藻糖醇的过冷度测试分析。

2.3.1 DSC 测试分析

本书中对蓄热材料赤藻糖醇相变温度和相变潜热的测试应用了 DSC 测试分析法。它是一种通过程序温度控制下测量材料试样和参比物之间功率差与温度变化关系的技术[72]。利用 DSC 技术可以测试样品的玻璃化转变温度、热稳定性、氧化稳定性、结晶度、反应动力学、熔融热焓、结晶温度、熔点及沸点等[73]。

在本实验的 DSC 测试分析中选用了德国 NETZSCH 公司生产的型号为 DSC 204 F1 的测试分析仪。为了保证测试仪器的准确性，实验前用铟对仪器设备进行了校准测试。应用德国 SRTORIUS 公司生产的型号为 BT 25S，精度为 0.01mg 的电子天平称取了质量为 9.220mg 的赤藻糖醇作为本次测试的试样。进行测试时将赤藻糖醇试样封装在铝制坩埚内，设定测试时的升温速率为 5℃/min，测试温度范围为 20~160℃，测试气氛为 20mL/min 的氮气。DSC 测试设备、试样称量和封装装置及测试曲线如图 2-1~图 2-3 所示。

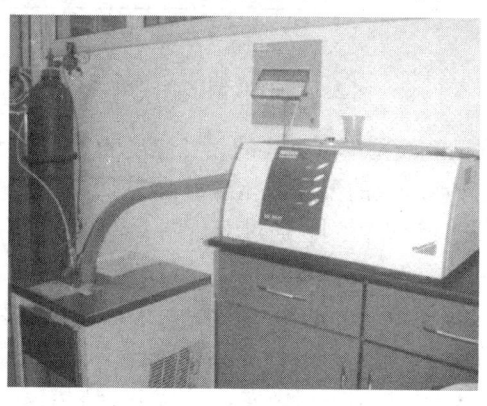

图 2-1 DSC 测试设备

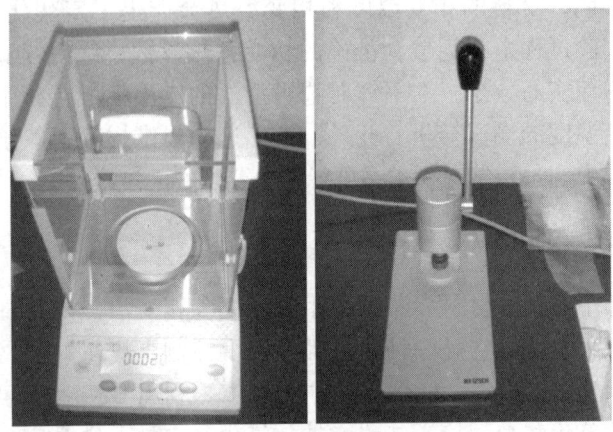

图 2-2 试样称量和封装装置

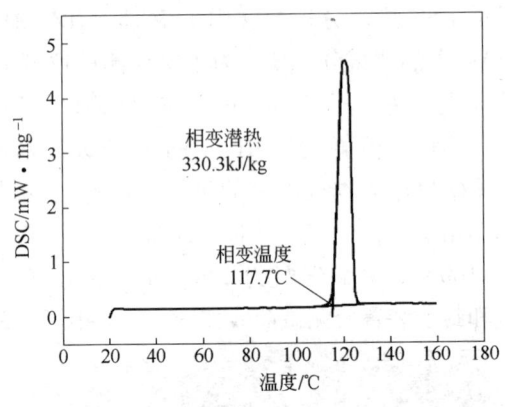

图 2-3 DSC 测试曲线图

在 DSC 测试曲线图中，材料的相变温度为 DSC 曲线峰最大斜率的切线与基线交点对应的温度，相变潜热为 DSC 曲线峰的面积，可通过对其进行积分计算得到。通过分析图 2-3 可以知道，实验选用的该批次赤藻糖醇的相变温度为 117.7℃，相变潜热为 330.3kJ/kg。将本书中选用的赤藻糖醇的相变温度和潜热测试结果与参考文献 [66] 中报道的数据进行对比可以看到，两者的数值非常接近，存在的微小差异可以认为是由材料纯度、测试误差等因素引起的。因此，本书选用批次的赤藻糖醇在蓄热性能上符合实验要求，可以满足移动式余热利用系统实验的研究应用要求。

2.3.2 蓄热材料的过冷度测试分析

蓄热材料的过冷现象是指材料在凝固放热过程中温度低于凝固点温度时并不发生结晶现象，而是继续保持液体状态，在低于凝固点的某一温度时发生相变凝固并放出热量，使得材料温度又重新上升的现象。虽然过冷现象的出现并不影响材料最终的放热量，但这种现象造成了放热温度的波动，使得相变潜热不能按照使用需求及时释放出来，降低了系统的稳定性，在工程应用中应尽量加以避免。

由于赤藻糖醇的分子结构中羟基数目较多，分子结构和分子间作用力情况复杂，因此在发生相态转变的过程中可能造成过冷现象的发生。为了充分了解和掌握赤藻糖醇在相变过程中发生过冷现象的程度，以便针对该问题在系统应用过程中采取相应措施，本书设计并进行了赤藻糖醇的过冷度测试实验。

图2-4是赤藻糖醇过冷度测试示意图。整个测试系统由赤藻糖醇试样、试管、热电偶、油浴加热装置和数据采集装置构成。首先，称取一定质量的赤藻糖醇材料置于加热试管内，选用精度为0.2的K型热电偶埋置在试管内的材料中。正式进行实验前，用精度为0.1的温度计对测试用的热电偶进行标定。热电偶的另一端连接数据采集装置（日本Yokogawa，型号MV1000），间隔10s自动采集一次温度数据。将装有材料和热电偶的试管放进恒温油浴（宁波新芝，型号GDH-1020N）内进行加热，加热温度为140℃。当观察试管内固态的赤藻糖醇全部熔化，并且数据采集装置显示的温度达到材料的熔点温度以上时，认为试管内的材料完成熔化过程。然后，将试管移出油浴加热装置，静置于环境温度中自然冷却。观察数据采集装置，开始阶段材料向周围环境不断放热，温度持续下降，当到达某一值时温度维持基本恒定然后开始上升，此时的温度即被认为是材料在该次放热过程中的实际凝固温度，其与理论凝固温度的差值为此次放热过程中的过冷度。记录该温度值并将置有材料和热电偶的试管重新放进恒温油浴内进行加热，在相近室温条件下重复以上过程并进行200次过冷度测

试。图 2 - 5 是油浴加热装置和数据采集装置。

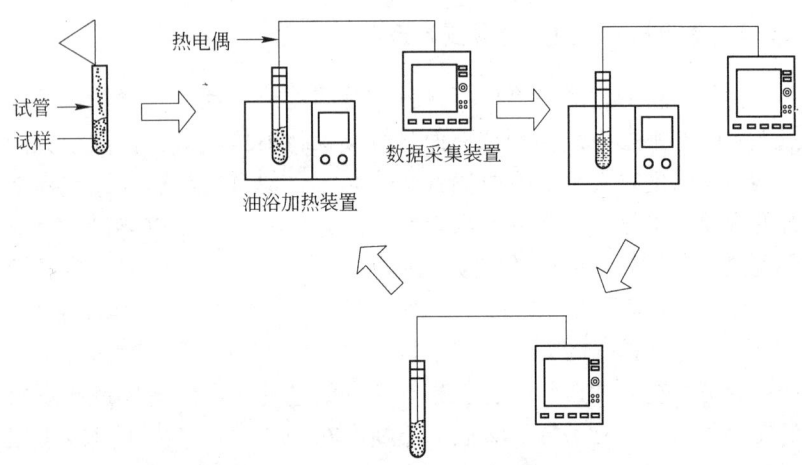

图 2 - 4　赤藻糖醇过冷度测试示意图

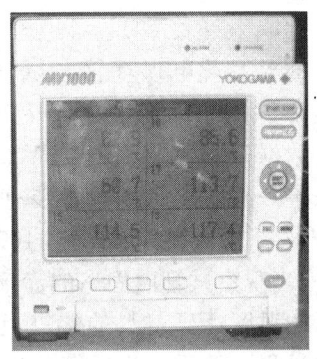

图 2 - 5　油浴加热装置和数据采集装置

　　图 2 - 6 反映了赤藻糖醇进行 200 次过冷度测试的情况。从图中可以看到，在这 200 次测试过程中，赤藻糖醇的过冷度范围在 10 ~ 70℃之间，说明其在自然冷却条件下进行放热时存在一定程度的过冷现象，因此在后续进行的系统放热实验中需注意观察材料过冷现象对放热过程的影响。

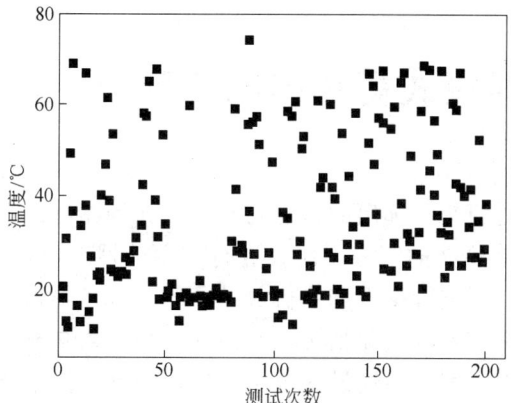

图 2-6　自然冷却条件下赤藻糖醇进行 200 次过冷度测试的情况

3   间接式蓄热器的实验研究与分析

本章针对前文筛选出的蓄热材料——赤藻糖醇，设计并搭建了应用间接式蓄热器的实验系统，进行了蓄热器充放热的实验研究。通过对实验数据进行整理和分析总结了间接式蓄热器内相变材料在充放热过程中的温度变化情况，并由此分析了蓄热材料的熔化和凝固规律。此外，本章还通过热效率、放热强度这两个指标分析了间接式蓄热器的性能及存在的不足之处，为后续章节进行间接式蓄热器的优化研究提供了依据。

3.1   实验系统构成和工作原理

一套完整的移动式余热利用系统主要包括了供给热量的热源部分、实现热量存储的蓄热器部分、运输热量的交通工具部分和应用热量的用户部分。为了便于在实验室内开展研究，本书忽略了蓄热器的运输过程，即实验系统不包括运输热量的交通工具部分，仅包括模拟热源部分、蓄热器部分、模拟用户部分、循环管路及仪表等。其中，模拟热源部分由一套温控加热装置和换热工质组成。通过温控加热装置对换热工质进行加热，模拟实际情况中余热源的热流体。蓄热器部分由蓄热器箱体和蓄热材料构成。模拟用户部分主要由换热器和水箱构成。

整个实验过程可以分为两个阶段：充热阶段和放热阶段。在充热实验阶段，利用温控加热装置把换热工质加热到实验设计温度，并通过工质泵将高温换热工质输送进蓄热器内与蓄热材料进行换热。蓄热材料受到换热工质的加热作用熔化吸热，实现热量在蓄热器内的存储；在放热实验阶段，蓄热器释放出大量热量，将流入的低温换热工质加热。然后，被加热的换热工质进入用户侧的换热器内，与来自水箱内的水进行换热，实现热量在用户侧的释放。

3.1.1　模拟热源部分

　　一般情况下,适合用作移动式余热利用系统的余热介质种类多为蒸汽或烟气类。前者在使用过程中仅需要考虑余热流体的压力情况,可直接对间接式蓄热器进行充热;后者需经过二次换热,避免烟气与蓄热器内部结构直接接触,造成换热面的积灰或腐蚀。在综合参考了部分文献里低温余热资源的应用温度范围和实验中已筛选蓄热材料的熔点情况后,本书选取140℃作为模拟余热源的温度进行研究。为了在实验室条件下实现对余热源的模拟,本实验选用了由温控加热装置和换热工质组成的闭式热源系统。

　　实验系统中的温控加热装置主要由管道式加热器和温度控制装置组成。换热工质在管道式加热器内被加热,实时温度由安装在加热器内部的测温热电偶监测并反馈给温度控制装置的控制模块。当监测到换热工质的温度高于预先设定的温度时,控制模块发出指令使加热器电路断开。反之,当监测到的温度低于设定温度时,电加热系统重新启动并开始工作。温控加热装置实物图如图3-1所示。

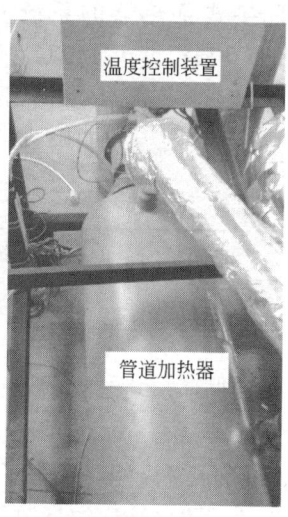

图3-1　温控加热装置实物图

　　由于实验中研究的热源温度要达到140℃,而且考虑到后续实验中研究内容涉及蓄热材料与换热工质直接接触式的换热方式，因此本书的换热工质没有选择蒸汽，而是选用了北京燕通石化有限公司生产的 YD - 320 型号合成导热油作为本实验的换热工质，其在140℃使用工况下的部分热物性参数如表 3 - 1 所示。

表 3 - 1　导热油 YD - 320 的部分热物性参数[74]

型　号	密度/kg·m⁻³	比热容/kJ·(kg·℃)⁻¹	黏度/kg·(m·s)⁻¹	热导率/W·(m·℃)⁻¹	闪点/℃
YD - 320	778	2.36	0.003	0.125	190

热源的循环系统由导热油泵、流量计、压力表、阀门和循环管路等构成。其中，实验系统的导热油泵选型应遵循以下几个原则：

（1）满足实验系统设计流量、扬程等参数的要求；

（2）满足输送介质温度参数的要求；

（3）噪声低、震动小、便于安装；

（4）运行稳定、维修费用低。

在间接式蓄热器的系统实验中，设计导热油流量为 1.5 ~ 2.5m³/h，介质温度为 140℃，且仅考虑系统沿程损失和局部损失。因此根据以上参数，本实验选用了泊头导热油泵总厂生产的风冷式高温导热油泵，型号为 RFY 25 - 25 - 160，具体参数见表 3 - 2。

表 3 - 2　RFY 25 - 25 - 160 导热油泵参数表

型　号	流量/m³·h⁻¹	扬程/m	转速/r·min⁻¹	轴功率/kW
25 - 25 - 160	0 ~ 3	27	2900	0.53

导热油循环系统的流量计选用了天津斯密特精密仪表有限公司生产的椭圆齿轮流量计，最高工作温度 150℃，流量范围 0.1 ~ 3m³/h，准确度 0.2 级。压力表选用了北京普特仪表厂生产的精度为0.1MPa，量程为 1MPa 的高温压力表。系统中导热油循环管路采用直径 25mm 的钢管焊接而成，外设 20mm 厚的岩棉保温层。控制循环系统开度的阀门采用高温截止阀，一般阀门采用高温球阀。

3.1.2 蓄热器部分

蓄热器是移动式余热利用系统的主要装置，通过其内部装载的蓄热材料在相变过程中吸收和释放热能来实现能量的存储和利用。根据蓄热材料在应用过程中是否与换热工质接触，本书设计和研究了间接式和直接式两种蓄热器。本章的主要研究对象为间接式蓄热器。关于直接式蓄热器的研究将在后面章节展开。

间接式蓄热器是指蓄热材料和换热工质通过换热壁面的间接式热交换实现热量传递和存储的一种装置。在蓄热器的应用过程中，换热工质携带热量流进和流出蓄热器。因此蓄热器也可以被认为是一种能实现蓄热功能的换热装置，对它的设计可以参考换热器的设计经验进行。

另外，蓄热器不同于普通换热器的是其内部需要设计装载蓄热材料。为了使蓄热器达到尽可能大的蓄热量，减少运输次数，节约运输成本，要求蓄热器内装载蓄热材料的空间应该足够大。此外，还要在蓄热器内蓄热材料的装载侧留出一定空间，防止蓄热材料受热后体积膨胀对蓄热器造成损坏。

因此，综合考虑以上因素后，本书选择壳管式换热器作为间接式蓄热器设计和研究的模型基础。由于壳管式换热器结构中管内空间较小，设计为蓄热器的换热工质侧；管外空间较大，可以容纳更多的蓄热材料，设计为蓄热器的蓄热材料装载侧。

本实验的主要目的是研究蓄热材料在充放热过程中的温度变化情况以及熔化凝固规律，并为后续蓄热器结构的进一步优化提供验证模型，因此在实验中蓄热器结构选用最基本的光管蓄热器结构。

实验系统中的间接式蓄热器箱体部分设计为直径 380mm、长度 650mm 的水平圆柱体。考虑到便于后续对蓄热器内部结构进行优化改造，蓄热器箱体上部设计为可拆卸的平台结构。蓄热器外壳采用 3mm 厚的不锈钢板加工制成，底部设置了放泄阀，便于蓄热材料的放泄与更换。换热管采用直径 25mm、壁厚 1.5mm 的铜管。空间位置以等边三角形方式布置，间距 80mm。为了便于研究蓄热器内水平方向材料的温度变化情况以及熔化凝固规律，在水平方向距离两侧壁面100mm的位置和中间位置分别选取三个截面 a—a、b—b 和 c—c 进行研究。同时，为了分析蓄热器内材料在垂直方向上的温度变化及熔化凝固情况，在三个截面上又分别布置了四个温度测点。蓄热器箱体和换热管尺寸信息及温度测点的分布情况如图3-2所示。图3-3是间接式蓄热器的实物照片。

考虑到相变蓄热材料受热后的膨胀问题，在蓄热材料装载时将蓄热器上部留出约15%的空间。因此蓄热器内装载的蓄热材料质量可通过下式计算得到：

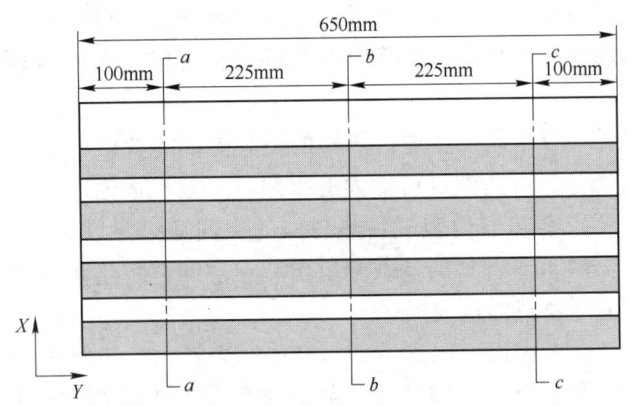

蓄热器箱体 X—Y 截面图

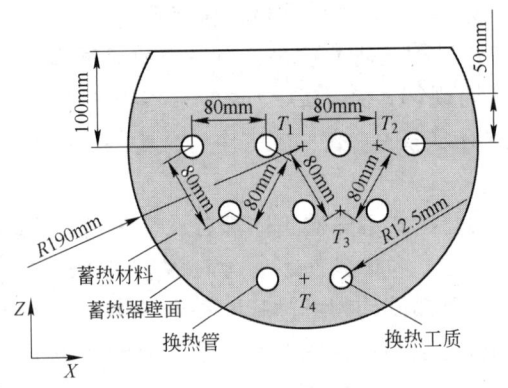

a—a 截面图

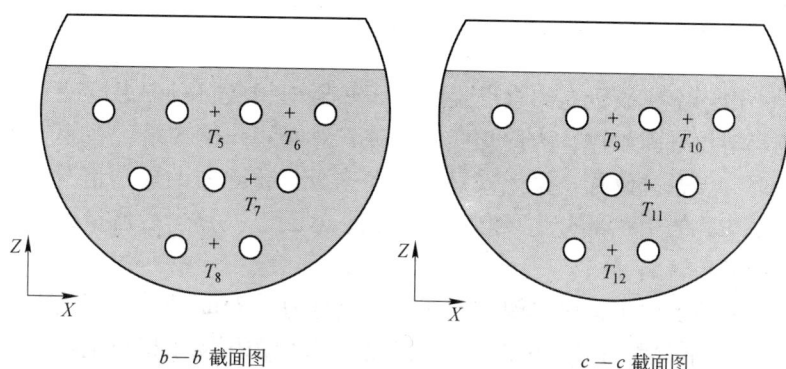

$b—b$ 截面图　　　　　　　　　　$c—c$ 截面图

图 3 - 2　间接式蓄热器箱体和换热管尺寸信息及温度测点分布情况

图 3 - 3　间接式蓄热器的实物照片

$$m_{\mathrm{PCM}} = \rho_{\mathrm{PCM}}(85\% V - V_{\mathrm{p}}) \qquad (3 - 1)$$

式中　m_{PCM}——蓄热材料的质量，kg；

　　　ρ_{PCM}——蓄热材料的密度，kg/m³；

　　　V——蓄热器的体积，m³；

　　　V_{p}——蓄热器内换热管的体积，m³。

　　经计算，蓄热器内设计装载蓄热材料的体积约为 0.046m³，质量为 68kg。

3.1.3　模拟用户部分

由于本实验研究的重点集中在蓄热器内相变材料的温度变化情况及熔化凝固规律,为简化实验研究,忽略用户侧末端,在模拟用户部分仅通过设置一个闭式循环水箱来分析蓄热器的放热情况。因此本实验的用户部分主要包括了水箱、水泵、换热器、流量计、阀门和循环管路。

放热实验中,用户侧水循环设计流量为 $0.75m^3/h$,温度范围为 $100℃$ 以下。参考导热油泵的选型依据,选用德国欧威格机电集团有限公司生产的屏蔽式增压泵,参数见表 3 - 3。

表 3 - 3　LRS 25/6 屏蔽式增压泵参数表

型　号	流量/$m^3 \cdot h^{-1}$	扬程/m	转速/$r \cdot min^{-1}$	轴功率/kW
LRS 25/6	0 ~ 3	6	2800	0.1

根据换热温度、导热油和循环水流量对换热器进行选型,选择天津众辉换热设备有限公司生产的 BR0.05 型号板式换热器,换热面积为 $1m^2$。用户部分的水系统循环管路采用管径 25mm 的普通钢管,阀门选用高温球阀,流量计选用天津斯密特精密仪表有限公司生产的涡轮流量计,最高工作温度 $100℃$,流量范围 $0.5 ~ 3m^3/h$,准确度 0.5 级。

3.1.4　其他测量装置

温度是本实验研究中的重要参数,蓄热材料的熔化和凝固情况都是通过对其进行监测继而分析得到的。实验中温度测量系统由测温装置和数据采集装置组成。测温装置选用了天津自动化仪表八厂生产的 K 型热电偶,材质为镍铬 - 镍硅,测量温度范围为 0 ~ 1300℃,精度等级为 Ⅱ 级,测量误差为 ±2.5℃,在实验测量的 30 ~ 140℃ 范围内的相对误差为 1.79% ~ 8.33%。实验进行前,对选用的 K 型热电偶采用了精度为 0.1 的标准水银温度计进行标定。实验结束后,用标定得到的温度校准曲线对实验数据进行处理,并得到最终实验数据。

数据采集装置选用日本横河（YOKOGAWA）机电公司生产的 MV1000 型号便携式无纸记录仪，连接 K 型热电偶时的数据采集误差为 0.15%，响应时间为 16.7ms。

3.2 实验研究内容、步骤及工况

3.2.1 实验研究内容

在蓄热系统的充热和放热过程中，伴随着蓄热材料熔化和凝固的相态变化。因此要想实现蓄热器快速稳定的充热和放热，其内部蓄热材料就要尽量快速和均匀地完成熔化凝固过程。然而，实际情况下由于材料在相态变化过程中存在密度、黏度、比热容等参数的变化，造成了蓄热器内材料熔化和凝固的不均匀性，甚至出现了一些较难熔化和凝固的部位。因此了解蓄热器内材料熔化和凝固的规律对分析和完善蓄热器的充放热性能极为重要。在前文设计和搭建的实验系统基础上，本章对间接式蓄热器的充放热过程进行了实验研究。通过分析水平方向上和垂直方向上对应位置的测点温度变化，分别研究了蓄热器内材料在水平方向上和垂直方向上的熔化凝固规律，分析了蓄热器内材料熔化和凝固最不利的部位，为后续进行蓄热器的优化研究提供了方向。

3.2.2 实验研究步骤

由于实验中热源和蓄热材料熔化后的温度较高，具有一定危险性，因此实验开始前，应对系统和装置进行仔细检查，确保实验系统的安全性与稳定性。如图 3-4 所示，整个实验系统由模拟热源部分、蓄热器部分和模拟用户部分组成。各部分及相应装置在前文中已作详细交代，本处不再赘述。

整个实验过程分为充热和放热两个阶段：

（1）充热阶段。开启温控加热装置，对管道加热器内的导热油进行加热，并注意观察其温度变化情况。当导热油的加热温度达到实验设计温度时，开启阀门 V_1、V_2、V_3、V_6 和 V_8，关闭其他阀门，

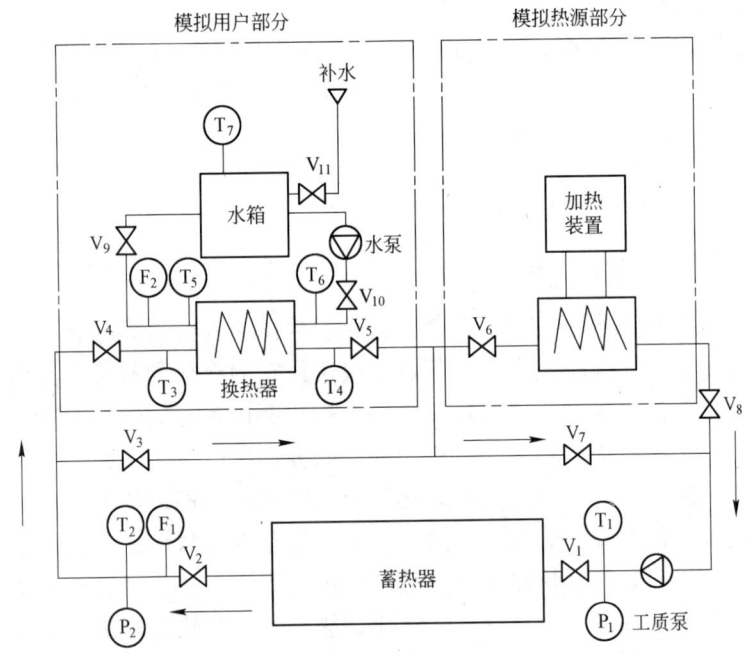

图 3 - 4 移动式余热利用实验系统图

$V_1 \sim V_{11}$—阀门;$T_1 \sim T_7$—测温热电偶;

P_1,P_2—压力表;F_1,F_2—流量计

开启导热油泵,调节导热油流量至实验设计流量,将加热器内的导热油输送至蓄热器内进行换热。换完热的导热油经循环管路流回加热器内进行再次加热。持续以上过程直到完成实验设计的充热时间后关闭导热油泵和所有阀门,结束充热实验。

（2）放热阶段。放热阶段开始前同样应对系统及装置进行检查,确保系统完整和安全后开启阀门 V_1、V_2、V_4、V_5、V_7、V_9 和 V_{10},关闭其他阀门,开启导热油泵,使循环管路内的导热油进入蓄热器内被加热,然后输送至换热器内与来自水箱内的水进行换热。换完热的导热油经循环管路流回蓄热器内进行再次加热。持续以上过程直到完成实验设计的放热时间后关闭导热油泵和所有阀门,结束放热实验。

3.2.3 实验研究工况

综合以上研究内容和实验系统信息，本书的间接式蓄热系统实验参数如表 3-4 所示。

表 3-4　间接式蓄热系统实验参数

实验参数类型	数　值
充热阶段导热油温度/℃	140
充热阶段导热油流量/$m^3 \cdot h^{-1}$	2.00
放热阶段导热油流量/$m^3 \cdot h^{-1}$	2.00
放热阶段循环水流量/$m^3 \cdot h^{-1}$	0.75
放热阶段循环水初始水温/℃	39

3.3　实验结果与分析

3.3.1　蓄热材料温度变化及熔化凝固规律分析

间接式蓄热器内的材料在充热和放热过程中的温度变化情况可由图 3-5 得知。从图中可以看到，整个实验过程中温度的变化情况

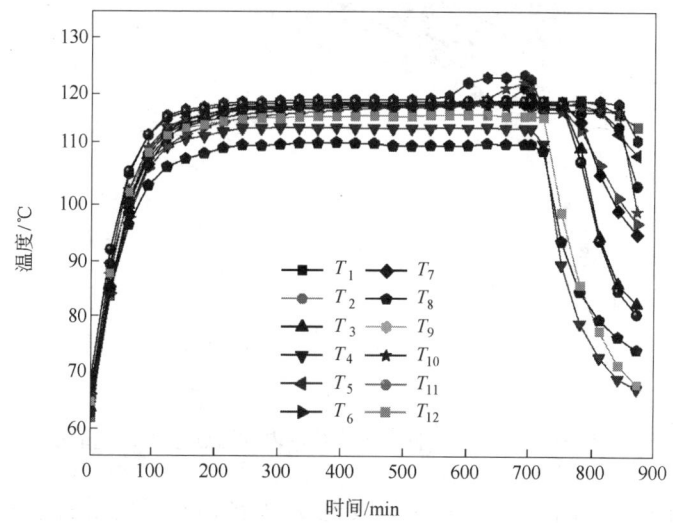

图 3-5　间接式蓄热器内各测点温度变化情况

大致可以分为三个阶段。第一阶段为实验进行过程中的 0 ~ 200min。这个阶段时间相对较短，但蓄热材料的温度变化范围较大，蓄热材料主要以显热形式吸收热能。第二阶段为实验进行过程中的 200 ~ 690min。这个阶段时间相对较长，材料的温度变化范围较小，是材料发生熔化的主要阶段，蓄热材料主要以潜热形式吸收热能。第三阶段为实验进行的 690 ~ 870min。在这个阶段里，材料温度下降非常明显，储存在材料中的大量热能以潜热和显热形式释放出来。

为详细了解蓄热器内材料的熔化凝固情况，下面将上述的三个阶段作进一步深入分析。图 3 – 6 是实验进行第一阶段蓄热器内各测点温度的变化情况。在这个过程中，蓄热器内材料的温度从最初的 60 ~ 70℃快速上升到 110℃左右。随着实验过程的进行，材料温度变化幅度逐渐减小，蓄热器垂直截面中部和上部位置的测点温度已接近或达到蓄热材料的熔点温度，表明该处材料已开始准备熔化。蓄热器垂直截面下部测点温度相对较低，表明下部材料开始熔化的时间较晚。

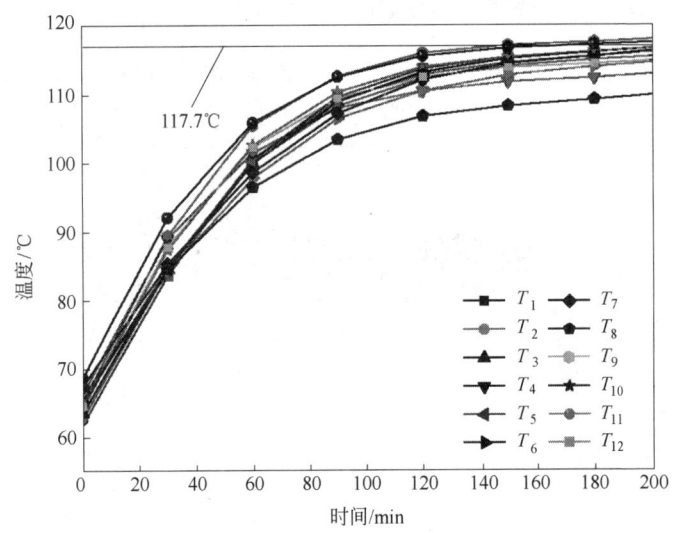

图 3 – 6   0 ~ 200min 间接式蓄热器内各测点温度变化情况

此外，从图 3 – 6 中还可以发现 b—b 截面下部的材料温度要低于相同位置 a—a 截面和 c—c 截面的材料温度。形成这个情况的主要

原因是 a—a 截面和 c—c 截面距离蓄热器两侧挡板位置较近,挡板的加热作用造成测量温度比真实温度略高。基于这个分析,对蓄热器水平方向上对应位置的测点进行比较后可以发现,水平方向蓄热材料在实验进行 $0 \sim 200$min 内的温度变化和熔化情况基本一致。

图 3 – 7 是实验进行 $200 \sim 690$min 蓄热器内各测点温度的变化情况。从图中可以看到,这个阶段材料的温度变化范围较小,后期除蓄热器底部三个温度测点外,其他部位测点温度均已超过材料的熔化温度。这种情况说明在充热实验后期,蓄热器中部和上部材料已基本熔化,下部材料仍然保持固体状态。造成这种情况的主要原因可能是蓄热器下部换热管布置密度相对中上部较小,造成下部材料熔化较慢。另外,由于液态材料的密度小于固态材料,材料熔化后在重力作用下向蓄热器上部流动,强化了蓄热器中上部的自然对流换热。蓄热器下部材料位于最底层换热管的下方,受到自然对流的影响作用较为微弱,因此熔化速率较为缓慢。

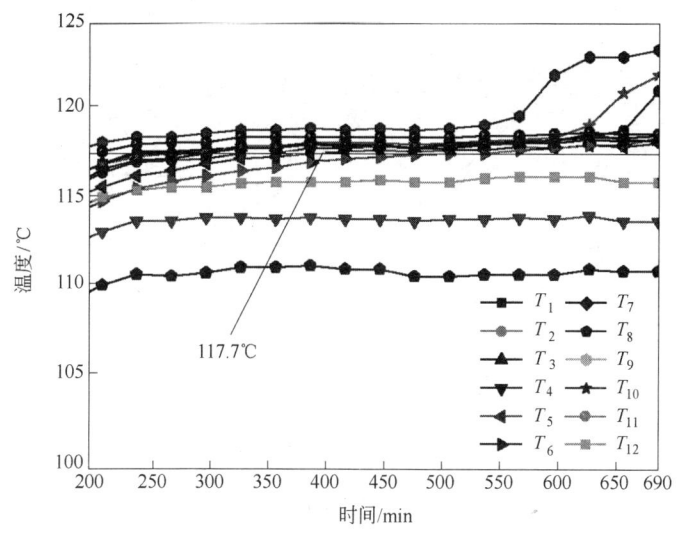

图 3 – 7 $200 \sim 690$min 间接式蓄热器内各测点温度变化情况

对比第二阶段蓄热器水平方向上对应位置测点温度可知,蓄热器内 a—a 截面的 T_4 测点和 c—c 截面的 T_{12} 测点间实际温差约为 $0 \sim$

2℃。因此可以认为在实验进行的 200 ~ 690min 内，水平方向上蓄热材料的温度变化及熔化情况基本一致。

实验进行的 690 ~ 870min 是蓄热器的放热阶段。如图 3 - 8 所示，伴随着材料相变潜热和显热的释放，蓄热材料的温度变化在这个阶段较为明显。在实验进行的 690 ~ 750min 内，蓄热器垂直截面中上部测点的温度变化幅度较小，说明在这段时间内蓄热器内中上部材料仍然保持液体状态。由于蓄热器下部材料在充热阶段中未完成熔化过程，其在放热阶段开始就主要为固体状态，热量的释放以显热为主，温度变化幅度较大。实验进行 750min 后，蓄热器垂直截面中部材料的温度开始明显下降，表明此时中部材料已基本完成相变潜热的释放和凝固相变，并以显热形式继续释放热量。此时，上部材料的温度仍然稳定在熔点温度以上，表明上部材料仍然呈现液态状态。实验进行850min 后，蓄热器垂直截面上部材料的温度开始明显下降，因此可以判断出此时上部材料也已基本完成了相变凝固过程。

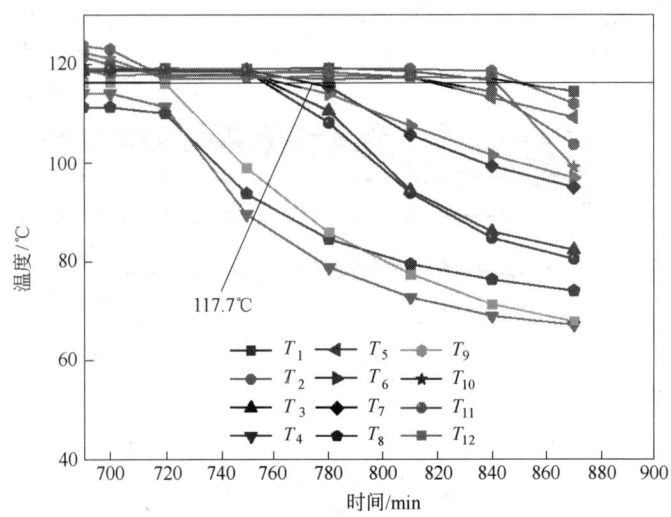

图 3 - 8 690 ~ 870min 间接式蓄热器内各测点温度变化情况

综上可知，在放热过程中，蓄热器垂直截面下部材料由于在充热过程中未完成熔化，在放热过程开始即为固态。蓄热器中部材料先于上部材料完成凝固放热。造成这种凝固情况的主要原因也是材料固态和液态的密度差。在放热过程中，液态材料密度较小，不断地向蓄热器上部流动，因此蓄热器上部聚集了大量液态蓄热材料。另外一个重要的原因可能是上部对流强度较大，换热管周围材料在放热阶段开始时的凝固速率较快，容易在换热管周围形成一层凝固的材料层，阻碍了换热管与周围液体材料间的进一步对流换热，使得上部材料的凝固速率降低。

对比放热过程中蓄热器水平方向上对应位置测点的温度可知，水平方向上蓄热材料的凝固情况基本一致。

3.3.2 导热油流量对蓄热材料熔化凝固的影响分析

对于余热源来说，能够影响蓄热器充放热过程的运行参数主要有余热温度和余热量。然而，对于固定的余热源来说，余热温度的变化一般较小。因此，在根据余热温度筛选了合适的蓄热材料后，能够影响蓄热器充放热性能的系统运行参数主要为余热量。在实验系统中，余热源的模拟主要是通过加热导热油实现的。为了在实验系统中分析余热量是否会对蓄热器的充放热速率造成影响，从而为实际工程系统运行和调节提供一些参考依据，本书研究了不同导热油流量对间接式蓄热器内材料熔化和凝固的影响情况。

应用上文中搭建起来的实验系统，在其他实验参数和条件不变的情况下，分别进行导热油流量为 2.5m³/h、2.0m³/h 和 1.5m³/h 的充放热实验研究。实验过程中蓄热器内材料的温度变化情况可由图 3-9 得知。从图中可以看到，在不同的导热油流量条件下，蓄热器内除上部个别测点温度外，其他大部分测点在实验过程中的温度变化情况基本相同，表明蓄热器内材料的熔化和凝固情况受导热油流量变化的影响程度较小。因此，在今后的实验和实际系统运行中，可根据实际情况选择适合的流量参数，避免选用大流量导热油泵造成泵耗浪费。

3.3.3 模拟用户侧放热情况分析

通过前文分析，对间接式蓄热器内材料在充放热过程中的温度变化和熔化凝固规律有了一定了解。为了进一步掌握蓄热器的放热性能，本书对放热实验过程中用户侧的水温变化进行了分析。图 3-10反映了放热实验过程中进入用户侧换热器的水温、导热油温及两者温差变化情况。从图中可以看到，随着蓄热器内热量的释放，循

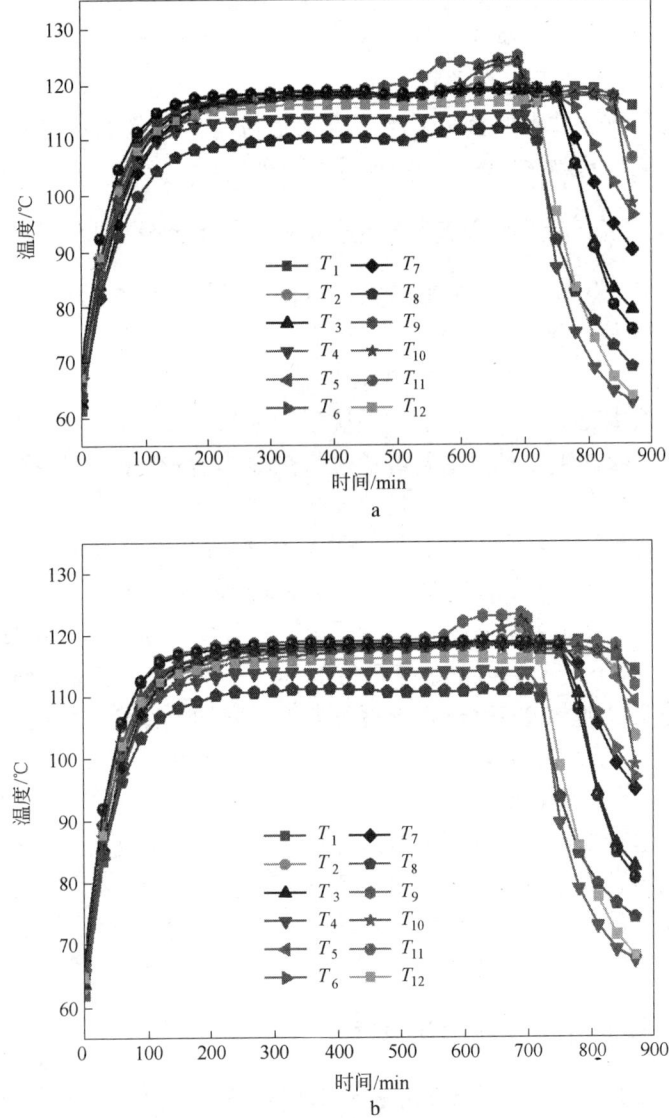

a

b

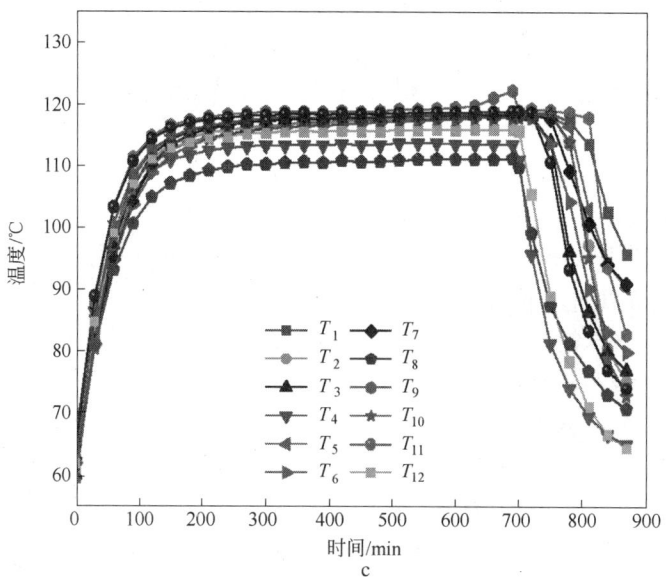

图3-9 不同导热油流量条件下间接式蓄热器内测点温度变化情况

a—导热油流量2.5m³/h；b—导热油流量2.0m³/h；c—导热油流量1.5m³/h

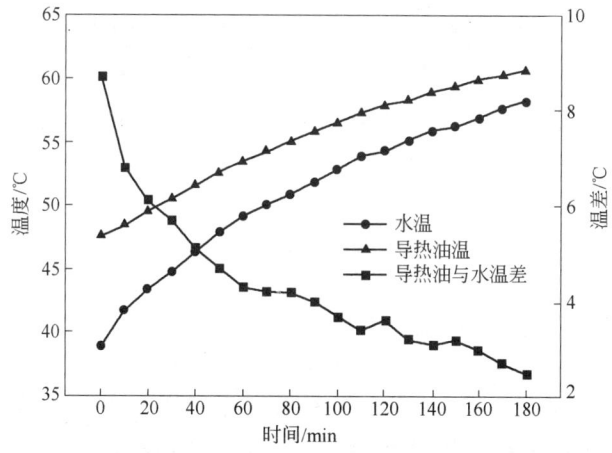

图3-10 间接式蓄热系统放热实验水温、
导热油温及两者温差变化情况

环系统导热油的温度和水箱内水的温度都在上升。放热过程前期，导热油与水的温差较大，蓄热材料释放出大量相变潜热，使得导热油和水的温度快速上升；放热过程后期，温差逐渐减小，大部分蓄热材料完成了相变放热过程，热量的释放以显热为主，导热油和水的温度上升缓慢。

在放热实验中，用户侧水箱内水的体积为 0.126m³，整个放热实验过程中水温由 39℃ 上升到了 58℃，实验过程中用户侧实际得到的热量可以通过下式进行计算：

$$Q = c_{p,w} m_w \Delta T_w \qquad (3-2)$$

式中　Q——用户侧得到的热量，MJ；

$c_{p,w}$——水的定压比热容，MJ/（kg·℃）；

m_w——水箱内水的质量，kg；

ΔT_w——水箱内水的温差，℃。

经计算，实验中用户侧得到的热量 Q 约为 10.1MJ，考虑到换热器的热效率（本书取 90%）和系统在放热过程中的热损失（本书取 5%），蓄热器的实际放热量 Q_r 约为 11.8MJ。

3.3.4　蓄热器性能分析

3.3.4.1　热效率

热效率是评价蓄热器性能的重要指标之一，在本书中定义为蓄热器放热过程中实际释放的热量与充热过程中的最大蓄热量之比，反映了蓄热器在实际应用过程中的热量存储与利用效率，可通过下式进行计算：

$$\eta = \frac{Q_r}{Q_{\max}} \qquad (3-3)$$

式中　Q_r——蓄热器的实际放热量，MJ；

$Q_{\max}$——蓄热器的最大蓄热量，MJ。

由上文对用户侧放热情况的分析可以知道，蓄热器的实际放热量 Q_r 约为 11.8MJ。间接式蓄热器内设计装载蓄热材料的质量为 68kg，蓄热器在充热过程中材料完全熔化后达到最大蓄热量，其值可通过下式进行计算：

$$Q_{\max} = m_{\mathrm{PCM}}\Delta h + m_{\mathrm{PCM}}c_{p,\mathrm{PCM}}\Delta T_{\mathrm{PCM}} \qquad (3-4)$$

式中 $Q_{\max}$——蓄热器的最大蓄热量，MJ；

m_{PCM}——蓄热材料的质量，kg；

Δh——蓄热材料的相变潜热，MJ/kg；

$c_{p,\mathrm{PCM}}$——蓄热材料的定压比热容，MJ/（kg·℃）；

ΔT_{PCM}——蓄热材料的温差，℃。

通过上式计算间接式蓄热器的最大蓄热量 $Q_{\max}$ 为 27.3MJ。因此蓄热器的热效率 η 为 43.2%。由此可见，蓄热器的实际放热量要远低于最大蓄热量。通过对蓄热器内材料熔化凝固情况的分析可以知道，造成这个情况的主要原因是蓄热器内材料未完全熔化，使得实际蓄热量降低，从而影响了蓄热器的实际放热量。因此对现有间接式蓄热器进行优化，提高材料的熔化速率是强化蓄热器性能的主要措施和方法，也是下文中间接式蓄热器的主要研究方向。

3.3.4.2 放热强度

从间接式蓄热系统在放热实验中用户侧的水温变化情况可知，蓄热器热量的释放随时间呈现出动态变化过程。而上文中对蓄热器热效率的评价仅反映出了其在整个应用过程中的总体性能情况。因此本书引入了蓄热器的放热强度来对其进行放热过程的动态性能分析。

蓄热器在单位时间内释放的热量为蓄热器的放热强度，可通过下式进行计算：

$$I = \frac{Q_{\mathrm{r}-\tau}}{\tau} \qquad (3-5)$$

式中 I——蓄热器的放热强度，kW；

τ——蓄热器的放热时间，s；

$Q_{\mathrm{r}-\tau}$——蓄热器在放热时间 τ 内释放的热量，kJ。

本书取放热时间 τ 为 600s 来研究蓄热器在整个放热过程中的放热强度。根据式 3-2 并考虑换热器效率和系统热损失后可计算得到蓄热器在单位时间 τ 内的放热量。根据式 3-5 计算整个放热过程中每隔 10min 时的放热强度变化，如图 3-11 所示。

从图 3-11 中可以看出，间接式蓄热器的放热强度随时间延长呈下降趋势。在放热过程的开始阶段，由于用户侧水温较低，蓄热

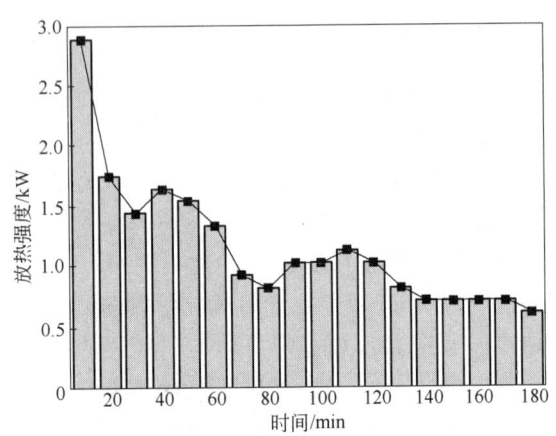

图 3 - 11　间接式蓄热器每隔 10min 时的放热强度变化情况

材料释放出大量相变潜热，使得蓄热器的放热强度达到了 2.9kW。在随后的 10min 内，用户侧水温上升，蓄热器的蓄热量下降，放热强度由 2.9kW 迅速下降到了 1.8kW，减小了 38%。在放热过程进行的 20～130min 内，蓄热器的放热强度由 1.8kW 逐步下降到 0.7kW，减小了 61%。在放热过程进行 140min 后，放热强度基本趋于稳定，保持在 0.7kW 左右。因此，可以得出结论，间接式蓄热器的放热强度变化过程主要有三个阶段：（1）开始时的明显下降阶段；（2）中间过程的逐步下降阶段；（3）后期的稳定阶段。

此外，通过观察图 3 - 11 还可以发现，在放热过程进行 20～40min 和 80～110min 时，蓄热器的放热强度出现了上升情况。造成这一现象的主要原因是蓄热材料在放热过程中出现了过冷现象。然而，与第 2 章中自然冷却条件下表现出的过冷现象不同的是，系统实验中的过冷现象程度较小。产生这种情况的主要原因有三个方面：（1）在放热过程中蓄热材料释放的热量被循环系统中的导热油及时带走，并在换热器内传递给水箱内的水，为蓄热材料的凝固结晶提供了的动力；（2）实验系统中蓄热器内的自然对流强度相对较大，对材料形成了扰动作用，加快了材料的放热凝固过程；（3）蓄热器内杂质相对较多，给材料的结晶凝固提供了丰富的凝结核。因此，在实际应用中基本可以忽略过冷现象对系统放热过程造成的影响。

4 间接式蓄热器的数值模拟与优化研究

前面章节对应用间接式蓄热器的系统进行了实验研究，分析了间接式蓄热器内材料的温度变化情况和熔化凝固规律，并结合实验数据对间接式蓄热器的蓄热性能进行了分析，总结了目前蓄热器中存在的问题和优化方向。

为了进一步缩短蓄热器的充热和放热时间，强化蓄热器的性能，本章对间接式蓄热器内材料的熔化和凝固情况进行了数值模拟与优化研究。通过对条件的合理简化和假设以及结合实验中蓄热器水平方向上的温度与熔化凝固情况分析，将蓄热器内的三维空间问题转换为了二维问题，建立了相应的物理和数学模型，并将计算结果与第3章的实验数据进行了对比分析，验证了模型的合理性。在此基础上，分析了提高蓄热材料的热导率、调整蓄热器内部换热管管径和布置方式以及添加直肋片等方法对蓄热器充放热速率的影响，为间接式蓄热器的性能优化提供一些参考和依据。

4.1 模型建立

间接式蓄热器为壳管式结构，内部由 9 根直径为 25mm 的铜管构成，箱体由 3mm 厚的不锈钢板制成，外侧铺设了 20mm 厚的保温层，蓄热器内的换热管外侧装载蓄热材料，管内为换热工质，其示意图如图 4-1 所示，详细的内部结构及尺寸见第 3 章。

从第 3 章的实验研究可以知道，蓄热材料的温度和熔化凝固情况沿 Y 轴方向的变化程度较小。因此，本书为了简化研究步骤，节省计算资源，在对蓄热器的模拟研究过程中忽略 Y 轴方向上材料的温度和熔化凝固差异，将三维空间的蓄热器模型转换为 X—Z 平面上的二维模型进行研究。选取的研究截面如图 4-2 所示。

同时，为了进一步方便本书分析，对二维的物理模型作如下

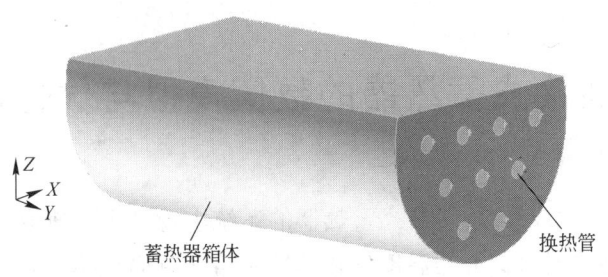

图 4-1　间接式蓄热器示意图

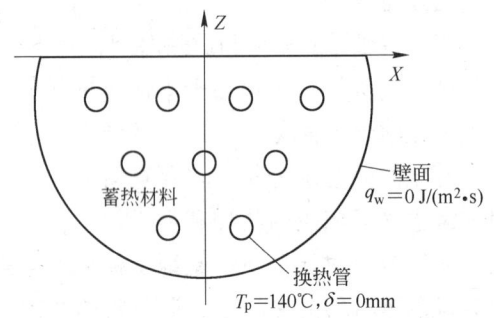

图 4-2　间接式蓄热器 X—Z 平面图

假设:

(1) 蓄热材料各向同性;

(2) 采用 Boussinesq 假设, 即认为蓄热材料的密度仅在浮升力中随温度变化, 其他热物性参数如比热容、热导率、黏度等随温度呈线性变化;

(3) 忽略模型中铜管的管壁厚度;

(4) 忽略蓄热器箱体向外界环境的热损失。

实现相变过程数值计算研究的难点在于对材料液固两相的处理。常见的计算方法主要有追踪液固界面法和统一处理液固两相区域法两种。前者主要包括由 Osher 等人[75]提出的 Level Set 法和 Antanovskii 等人[76]提出的 Phase Field 法。Level Set 法将材料的液固界面定义为一个保持单调函数的零等值面。因此, 只要计算出某一时刻函数的值即可以知道此时两相界面的位置[77]。Phase Field 法通过

定义函数来表征每个节点和时刻的相域,当函数值为 1 时表示固相,
-1 时表示液相,在 -1 和 1 之间时为两相界面区[78]。将材料液固
两相区域进行统一处理的方法主要有显热容法和焓法。显热容法是
在较小的温度范围内将材料的相变潜热看做是在足够厚的相变区域
内的显热处理[79]。焓法是将相变材料的焓值作为求解变量,对固相
区、液相区和固液两相的共存区建立统一的控制方程,在求解出焓
值后进而得到温度变化情况的方法[80]。本书中对液固两相的处理采
用焓值的方法,对应的控制方程如下:

能量方程:

$$\rho\left(\frac{\partial H}{\partial t} + u\frac{\partial H}{\partial x} + w\frac{\partial H}{\partial z}\right) = \frac{\lambda}{c_p}\left(\frac{\partial^2 H}{\partial x^2} + \frac{\partial^2 H}{\partial z^2}\right) + S \qquad (4-1)$$

动量方程:

$$\rho\left(\frac{\partial u}{\partial t} + u\frac{\partial u}{\partial x} + w\frac{\partial u}{\partial z}\right) = \mu\left(\frac{\partial^2 u}{\partial x^2} + \frac{\partial^2 u}{\partial z^2}\right) - \frac{\partial p}{\partial x} + S_u \qquad (4-2)$$

$$\rho\left(\frac{\partial w}{\partial t} + u\frac{\partial w}{\partial x} + w\frac{\partial w}{\partial z}\right) = \mu\left(\frac{\partial^2 w}{\partial x^2} + \frac{\partial^2 w}{\partial z^2}\right) - \frac{\partial p}{\partial z} + S_w \qquad (4-3)$$

连续性方程:

$$\frac{\partial u}{\partial x} + \frac{\partial w}{\partial z} = 0 \qquad (4-4)$$

式 4-1~式 4-4 中,ρ 是蓄热材料的密度;H 是蓄热材料的焓值;
t 是时间;u 是液态流体在 x 方向的速度;w 是液态流体在 z 方向的
速度;λ 是蓄热材料的热导率,c_p 是定压比热容;S 是能量方程源
项;μ 是动力黏度;p 是压力;S_u 是 x 方向动量源项;S_w 是 w 方向
动量源项。

由于蓄热材料存在显热和潜热的吸收释放过程,式 4-1 中的焓
值 h 又可以表示为显热焓值 H_s 和潜热焓值 ΔH,其中显热焓值 H_s 通
过下式进行计算:

$$H_s = H_{ref} + \int_{T_{ref}}^{T} c_p dT \qquad (4-5)$$

式中,T_{ref} 是参考温度;H_{ref} 是参考温度对应的焓值。

潜热焓值 ΔH 值可通过下式进行计算:

$$\Delta H = \beta L \tag{4-6}$$

式中，L 是蓄热材料的相变潜热；β 是液相比例，可通过下式计算：

$$\beta = \begin{cases} 0 & T < T_s \\ 1 & T > T_1 \\ (T - T_s)/(T_1 - T_s) & T_s < T < T_1 \end{cases} \tag{4-7}$$

式中，T 是材料在某时刻的温度；T_s 是材料的凝固温度；T_1 是材料的熔化温度。

能量方程式 4-1 中的源项 S 计算如下：

$$S = \frac{\rho}{c_p} \times \frac{\partial \Delta H}{\partial t} \tag{4-8}$$

式 4-2 和式 4-3 中的源项 S_u 和 S_w 计算如下：

$$S_u = \frac{(1-\beta)^2}{(\beta^3 + \varepsilon)} u A_{\mathrm{mush}} \tag{4-9}$$

$$S_w = \frac{(1-\beta)^2}{(\beta^3 + \varepsilon)} w A_{\mathrm{mush}} + \frac{\rho_{\mathrm{ref}} g (H - H_{\mathrm{ref}})}{c_p} \tag{4-10}$$

在式 4-9 和式 4-10 中，ε 是一个常数，用于防止 β 过小时导致式中分母为零，本书取 0.001；A_{mush} 是液固混合区常数，取 $1.0 \times 10^{5[81]}$；ρ_{ref} 是参考温度对应的材料密度；g 是重力加速度。

4.2　计算设置与网格划分

4.2.1　边界及初始条件

在本书的计算过程中，取蓄热器壁面为绝热边界条件，即 $q_{\mathrm{wall}} = 0$，换热管的壁面为恒壁温边界条件，即 $T_{\mathrm{tubes}} = 140℃$，初始时刻蓄热材料的各处温度均匀一致，即 $t = 0$ 时，$T = T_{\mathrm{intial}}$。

由前文数学模型中的控制方程可知，在计算过程中涉及的材料热物性参数主要有密度、黏度、热导率、定压比热容、相变潜热、相变温度等。相变潜热和相变温度在第 2 章中已通过 DSC 测试分析得知，其他热物性参数由文献中查得，并在计算过程中按照温度的线性函数关系设置。材料的主要热物性参数如表 4-1 所示。

表 4 – 1　蓄热材料的主要热物性参数[82,83]

热物性参数	数　值
密度/kg · m⁻³	1480(20℃), 1300(140℃)
比热容/kJ · (kg · ℃)⁻¹	1.35(20℃), 2.74(140℃)
潜热/kJ · kg⁻¹	330.3
相变温度/℃	117.7
黏度/kg · (m · s)⁻¹	0.02895(20℃), 0.01602(140℃)
热导率/W · (m · ℃)⁻¹	0.732(20℃), 0.326(140℃)

4.2.2　计算方法

本书在数值模拟计算过程中采用 Ansys Fluent 软件对上文的数学模型进行求解。在压力和速度场的耦合处理过程中选择 PISO 算法。在对方程进行离散化时，采用 PRESTO 法处理压力修正方程，动量和能量方程选择二阶迎风差分格式。计算过程中的松弛因子时，除动量项修改为 0.5 外，其他均保持默认设置。在对时间步长进行多次试算后取 0.01 s 进行非稳态计算。

4.2.3　网格划分与独立性验证

为了适应不规则结构二维蓄热器模型内的流动与传热计算，本书选用非结构化的三角形网格对蓄热器内部空间进行划分。考虑到换热管附近的温度变化梯度较大，对靠近换热管的空间进行了局部网格加密处理。此外，为了在保证计算精度的前提下尽量节省计算时间和资源，本书进行了网格独立性验证工作。通过不同网格数量得到的计算结果和实验数据进行对比，从中选择网格数量适宜且计算精度较高的网格划分类型进行后续计算。

由于蓄热器的二维计算空间沿 Z 轴呈对称分布，因此为了简化计算，本书取位于 Z 轴右侧的部分进行网格划分和模拟计算。网格数分别为 2546、3620 和 4692 的三种不同网格精度划分情况如图 4 – 3 所示。

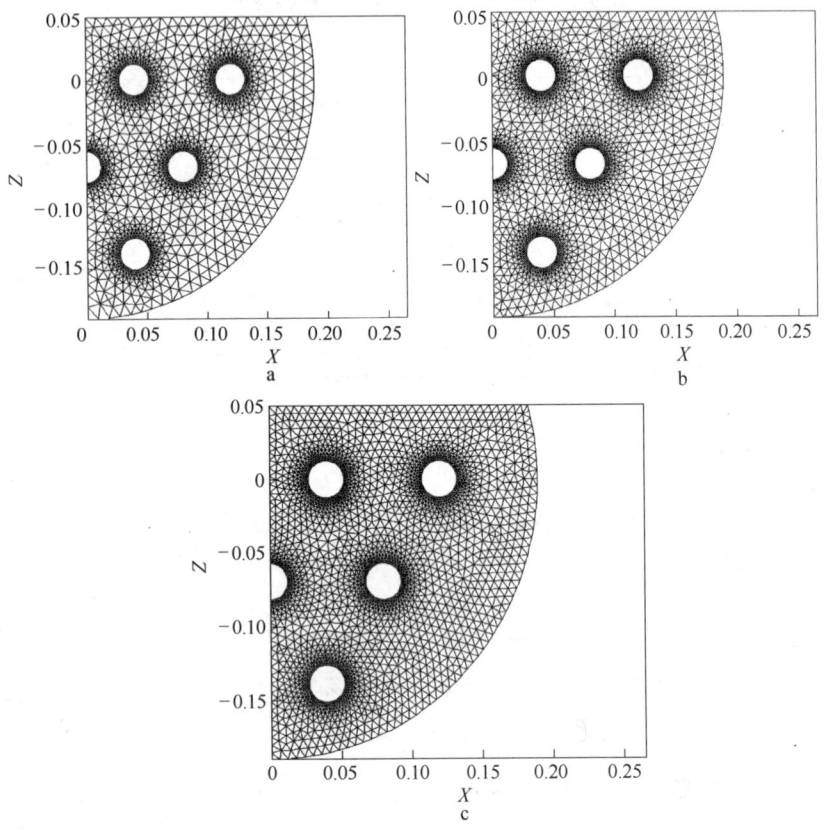

图 4 - 3　间接式蓄热器二维模型网格划分
a—网格 1(2546)；b—网格 2(3620)；
c—网格 3(4692)

　　为了验证三种网格划分情况的计算精度，选取实验中 T_1 位置的测点温度进行对比分析。图 4 - 4 是三种网格划分对应的计算结果与实验数据对比情况。从图中可以看到，三种网格划分类型的计算结果都比较理想，特别是网格 2 的计算结果在前期比另外两个更接近实验数据。因此，在综合考虑计算精度和计算资源的情况下，本书选择网格数为 3620 的网格划分类型对间接式蓄热器进行数值模拟研究。

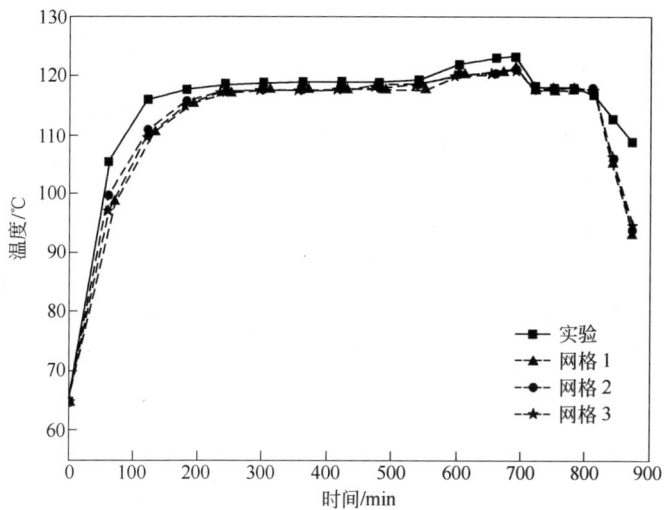

图4-4 三种网格划分对应的计算结果与实验数据对比

4.3 模拟结果与分析

4.3.1 模型验证

为了验证上文中所建立的物理模型和数学模型的正确性,选取实验中蓄热器 a—a 截面上的温度测点 T_1、T_2、T_3 和 T_4 与模拟计算中对应位置的温度进行比较分析。四个温度测点的位置关系如图 4-5所示。

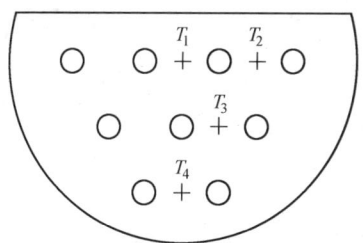

图4-5 蓄热器 a—a 截面 $T_1 \sim T_4$ 温度测点位置关系

图4-6反映了四个温度测点的实验数据与模拟结果对比情况。

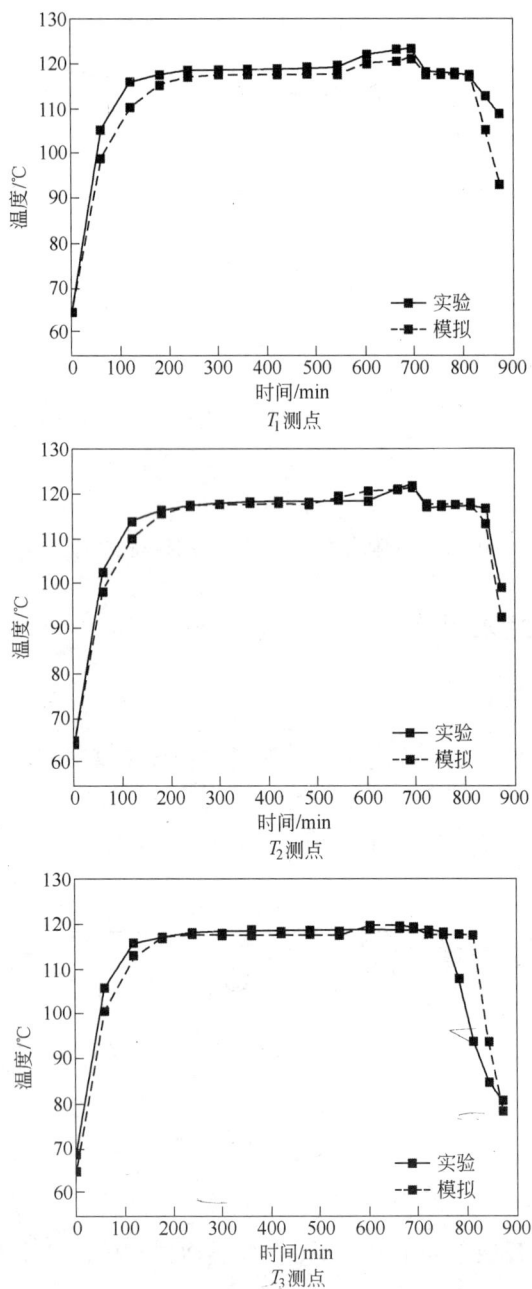

T_1测点

T_2测点

T_3测点

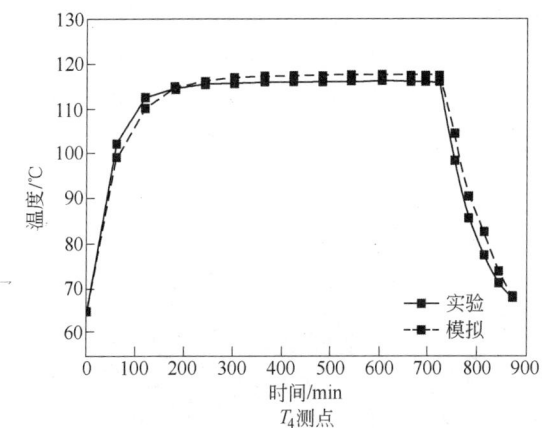

图 4-6 $T_1 \sim T_4$ 测点实验数据和模拟结果对比情况

从图中可以看到，两者随时间的变化趋势基本一致，吻合情况较好。因此，可以认为前文在模拟计算中所做的条件假设、建立的模型以及网格划分和计算方法是合理有效的。

4.3.2 熔化凝固情况分析

由于实验过程中间接式蓄热器内设置的温度测点有限，不能充分反映出整个蓄热器内材料的温度变化和熔化凝固情况，因此本章结合模拟计算结果对蓄热材料的熔化凝固过程做进一步分析。图4-7是充放热过程中间接式蓄热器内材料液相体积比例随时间的变化情况。

从图4-7中可以看出，充热过程开始进行后，换热管周围的材料逐渐熔化。由于液态材料密度较小，向上流动过程中形成了微弱的自然对流，使得换热管上方的材料熔化速率加快。在随后的充热过程中，换热管上方材料熔化区域不断扩大，整个蓄热器中上部材料的熔化速率较快，两侧和底部材料的熔化速率较慢。当充热过程进行到 11.5h 后，蓄热器两侧和底部材料的熔化依然较慢，成为了限制蓄热器充热性能的主要瓶颈。

放热过程开始后，换热管周围的蓄热材料受到冷却作用，首先放热凝固。一段时间后，固液材料间的密度差使得液态材料向蓄热器上部流动。当放热 2h 后，蓄热器中下部材料基本完成凝固，少部分位于上部的材料仍然保持液态。放热过程进行 3h 后，除蓄热器顶部少量材料仍然为液体状态外，其他部位的材料均已发生相变凝固。鉴于该部分材料所占体积比例较小，因此在实际应用过程中基本可认为已完成放热过程。

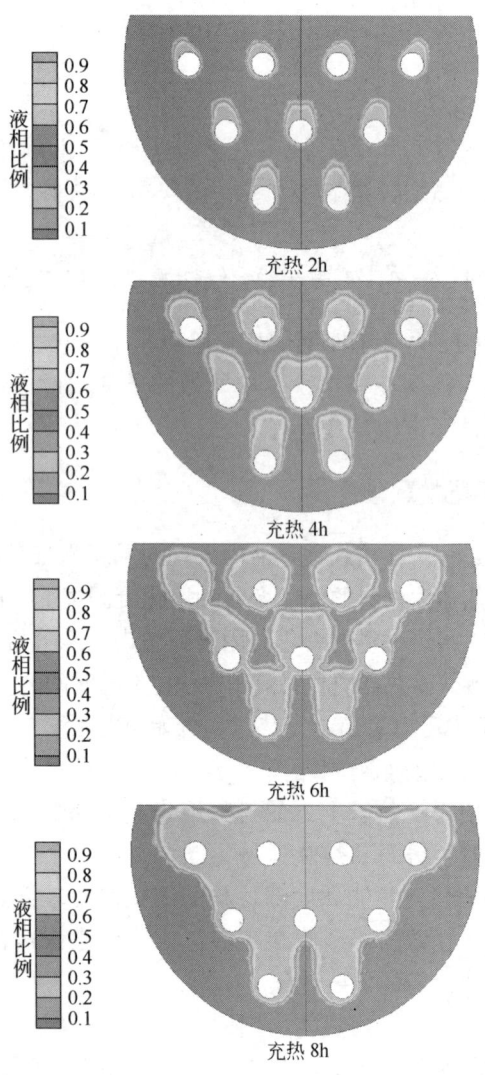

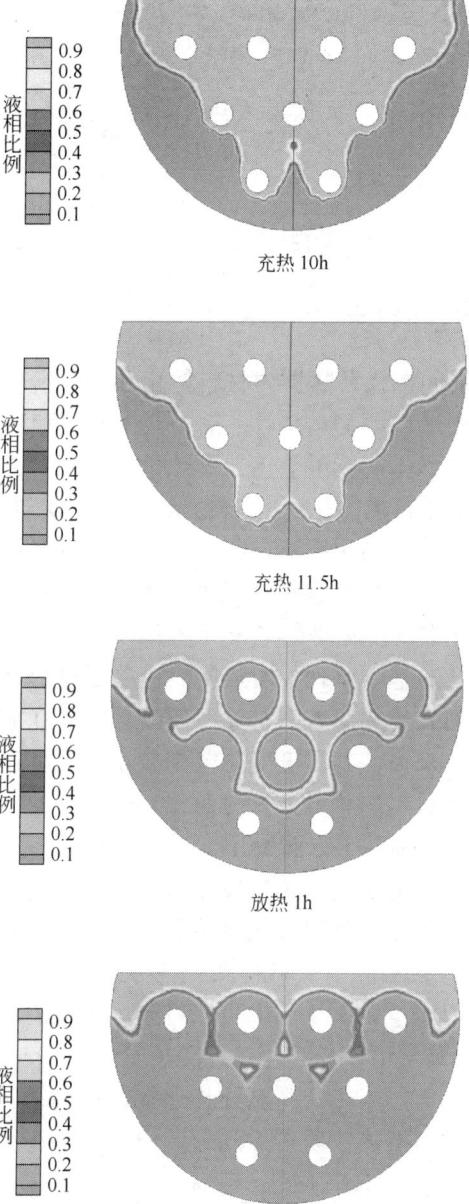

充热 10h

充热 11.5h

放热 1h

放热 2h

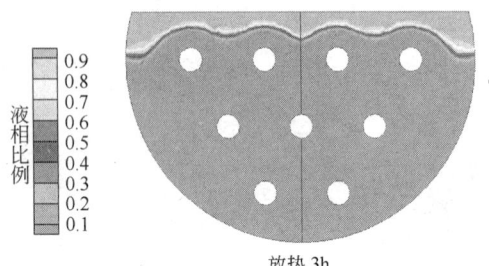

放热 3h

图 4 - 7　间接式蓄热器内材料液相体积比例随时间的变化情况

4.4　蓄热器优化研究

通过前文对间接式蓄热器内材料熔化和凝固情况的分析可以知道，在充热过程进行了 11.5h 后，蓄热器内两侧和底部仍有大量材料未完成熔化过程，造成了蓄热器蓄热量的降低。此外，充热过程时间较长，增加了蓄热器在用户和热源间完成一次热量供给的时间，影响了蓄热器的有效利用频率，降低了蓄热器的经济性。因此，在充分掌握了蓄热器内材料熔化和凝固的情况后，本书针对以上两个问题进行了蓄热器的优化研究与分析。

根据传热学的基本原理，增强换热可以通过提高传热系数、增大换热面积和加大传热温差三种途径实现。由于在应用过程中对于某固定的余热源来说，其温度变化范围较小，而且过大的传热温差又容易引起蓄热材料的相分离和分解等问题。因此，本书对蓄热器的优化研究主要从前两个方面展开。

提高传热系数是强化蓄热器换热的有效措施之一。在进行该方面的研究之前，首先要对间接式蓄热器内的传热过程进行分析，确定传热过程的主要热阻，明确研究的主要方向。图 4 - 8 是间接式蓄热器内传热过程示意图。从图中可以看到，热量的传递从换热工质到蓄热材料主要经历了以下过程：换热工质→管壁内侧→管壁外侧→蓄热材料→蓄热材料。高温导热油在管内流动，冲刷换热管的管壁内侧，热量由换热工质传递到管壁内侧的过程主要为对流换热过程，热阻为 $\alpha_{\text{工质 - 壁内侧}}$。热量由管壁内侧经管壁传递到蓄热材料间的过程中，管壁内传热和材料间传热均以为导热为主，热阻分别为

$\alpha_{壁内侧-壁外侧}$和$\alpha_{材料-材料}$。由管壁外侧传递给换热管附近的蓄热材料过程中，当材料为固态时为导热过程；当材料为熔化后的液态时，为导热和微弱的自然对流换热过程，热阻为$\alpha_{壁内侧-壁外侧}$。

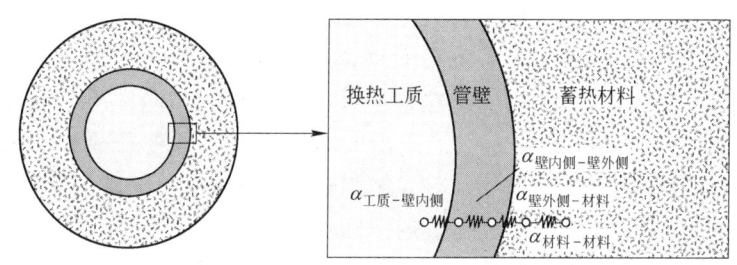

图4-8 间接式蓄热器内传热过程示意图

因此，热量由换热工质传递给蓄热材料的传热过程中，其传热系数为：

$$K = \left(\alpha_{工质-壁内侧} + \alpha_{壁内侧-壁外侧} + \alpha_{壁外侧-材料} + \alpha_{材料-材料} \right)^{-1}$$

$$(4-11)$$

由于换热工质与管内壁为强迫对流换热，换热管材质为铜，热导率较大，且管壁较薄，而蓄热材料的热导率较小，且发生的自然对流仅存在于材料熔化后的液相区域，由此可知整个传热过程中的热阻主要集中在蓄热材料侧。因此在不更换蓄热材料的情况下，提高其热导率就成为了强化蓄热器内换热的一个重要方式。

此外，在不改变蓄热器内材料与换热管体积比例的情况下，本书研究了调整换热管管径与布置方式、添加肋片等蓄热器结构优化方面的措施，以达到强化蓄热器内部换热的效果。

4.4.1 提高蓄热材料的热导率

通过对上文间接式蓄热器内的传热过程进行分析可以知道，蓄热材料的热导率较低是影响蓄热器内热量传递的主要因素。通过观察其他无机和有机类蓄热材料的热导率不难发现，常见蓄热材料的热导率普遍较低，成为了制约其应用性能的一个主要问题。

为了解决这一问题，国内外学者开展了大量相关研究。西班牙莱里达大学的 L. F. Cabeza 等人[84]在水中添加了体积分数为3%的不锈钢屑、3% 的铜屑和 10% 的膨胀石墨，并对比研究了添加以上材料后的熔化和凝固时间。结果表明添加不锈钢屑无明显作用，铜屑有一定作用，膨胀石墨有显著作用，其充热效率提高了近 4 倍，放热效率提高近 3 倍。土耳其的 Ahmet Sar 等人[85]在石蜡中添加了膨胀石墨，制备了石蜡和膨胀石墨的复合材料，结果表明复合材料的熔点基本无明显变化，相变潜热与原蓄热材料基本相同，10% 膨胀石墨含量的复合材料性能最佳。南昌大学的刘俊峰等人[86]研究了添加碳纳米管对硅脂热导率的影响，结果表明当添加 2% 的碳纳米管时，硅脂复合材料的热导率提高了近一倍。华南理工大学的肖敏等人[87]研究了石蜡和聚苯乙烯中添加膨胀石墨对材料热导率的影响，结果表明材料凝固时间缩短了 77%，熔化时间缩短了 60%。

　　针对本课题选取的蓄热材料赤藻糖醇，日本的 Teppei Oya 等人[88,89]研究了添加膨胀石墨对材料热导率的影响，结果表明膨胀石墨的添加有效地提高了蓄热材料的热导率，而对原材料的熔化温度和相变潜热无明显影响。表 4 - 2 反映了不同添加比例情况下材料的热导率值。

表 4 - 2　不同膨胀石墨体积比例情况下材料的热导率[88]

膨胀石墨的体积比例	材料的热导率/W·(m·K)$^{-1}$
1%	1.00
2%	1.20
3%	1.50
7%	2.50
10%	3.70
15%	4.72

　　从表 4 - 2 中可以看到，材料的热导率随膨胀石墨添加比例的增大而增大。因此，单纯从提高蓄热材料热导率，强化蓄热器内传热方面考虑，膨胀石墨的添加比例越高越好。然而，从另一方面看，添加其他材料将直接导致有效蓄热材料比例的降低，造成

蓄热器蓄热量的减小。因此，有必要研究不同膨胀石墨添加比例对蓄热材料熔化凝固情况的影响，从中选择适当的添加比例，既满足蓄热器内强化传热的需要，又可以保证蓄热器的正常蓄热量要求。

应用上文中建立的计算模型和求解方法对表4-2中不同膨胀石墨添加比例条件下的材料熔化和凝固情况进行模拟计算。为简化计算过程，在不考虑对显热换热影响的情况下，本书通过调整计算中材料的相变潜热量来考虑因添加其他材料造成有效蓄热材料减少对蓄热器蓄热量的影响。图4-9为添加不同比例的膨胀石墨时蓄热器内材料的液相体积比例随时间的变化情况。从图中可以看到，材料液相体积比例变化的曲线斜率随添加膨胀石墨比例的增大而增大，表明膨胀石墨的添加比例越高，材料的熔化和凝固速率越快。此外，对比各曲线的变化幅度还可以知道，当膨胀石墨的添加比例达到10%以后，继续增加膨胀石墨对应的液相体积比例变化速度开始变慢。因此综合考虑，10%的膨胀石墨添加比例及对应的热导率对本书中研究的蓄热器及蓄热材料较为适宜。

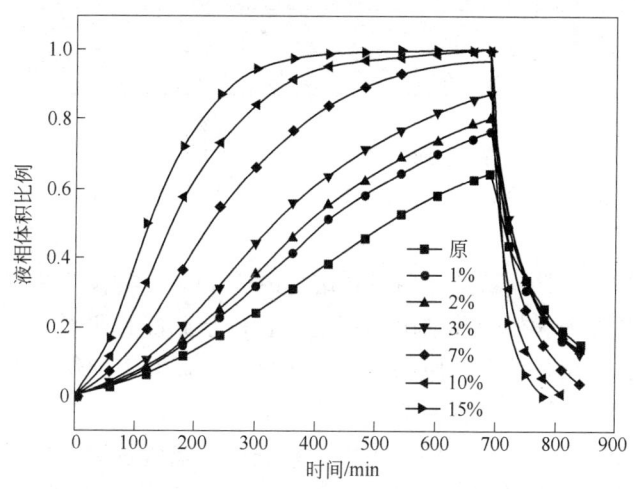

图4-9　不同膨胀石墨添加比例条件
下蓄热器内液相体积比例情况

4.4.2　优化蓄热器结构

4.4.2.1　调整管径和布置方式

增大换热面积是提高换热强度的另一个主要措施。在不改变蓄热器内材料比例的情况下，减小换热管管径、增加管束可以起到增大换热面积的效果。但是，当管径减小到一定程度时，管束增加较多，不仅提高了蓄热器的加工复杂程度，造成成本上升，而且管束较多导致蓄热器两侧焊接处较多，在使用过程中易出现材料的渗漏问题。因此，有必要研究一下合适的管径大小和布置方式。

现有蓄热器结构中铜管的体积为 $2.826 \times 10^{-3} \mathrm{m}^3$。在保证蓄热器内材料所占体积不变的情况下，计算几种常见铜管规格及数量见表 4-3。

表 4-3　间接式蓄热器内不同铜管的规格与数量

管径/mm	长度/mm	体积/m³	数　量
25	650	2.826×10^{-3}	9
22	650	2.826×10^{-3}	12
19	650	2.826×10^{-3}	16
15	650	2.826×10^{-3}	25

从表 4-3 中可以看到，当管径增加到 15mm 时，铜管的数量增加较多，因此根据以上分析，本书仅研究管径为 22mm 和 19mm 的情况。

通过对间接式蓄热器内材料熔化凝固情况的实验与模拟研究知道，蓄热器内材料熔化情况不利的位置位于底部和两侧。对于底部材料，造成熔化较慢的原因是材料熔化后在浮升力的作用下向上流动，在管上方形成了自然对流，使得上方材料熔化较快，下方材料熔化较慢。解决这个问题的措施是将底层换热管位置下移，使底部材料尽量靠近换热管，加速材料熔化。对于蓄热器内两侧的材料，由于远离中央管束区，自然对流和导热换热都相对较弱，造成了熔化较慢的情况，因此在结构优化时要将换热管向蓄热器两侧适当调整。

图4-10是DN22管束的蓄热器内布置方式。垂直方向上将管束向蓄热器底部调整,并减小了底部几层管束间的距离,进行了底部管束的密集布置;水平方向上将管束向两侧移动,并使得两侧材料与换热管间的距离约为换热管间距离的一半,尽量保证了水平方向上材料熔化的均匀性。同理,DN19管束的蓄热器内布置方式如图4-11所示。

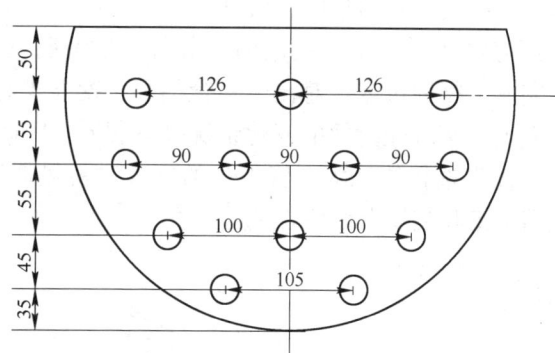

图4-10　DN22管束的蓄热器内布置方式(单位:mm)

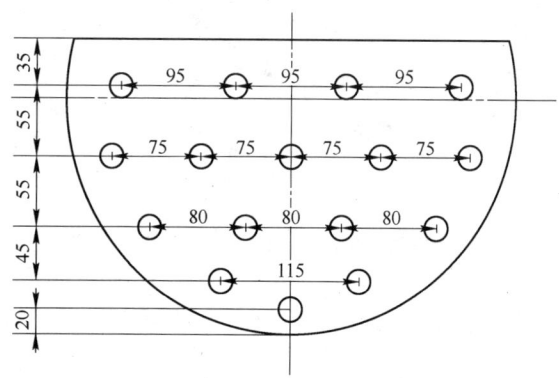

图4-11　DN19管束的蓄热器内布置方式(单位:mm)

对于调整换热管管径和布置方式后的蓄热器,由于其内部传热和流动模型没有改变,前文建立的数学模型仍然适用。此外,计算方法、边界和初始条件也与上文相同。考虑到计算空间呈左右对称分布，选择右侧区域进行研究。在进行网格独立性验证后，DN22 的换热管蓄热器模型网格数为 4585，DN19 的换热管蓄热器模型网格数为 5318。

　　如图 4 - 12 所示，通过对以上两种模型的模拟计算，得到了蓄热器内液相体积比例随时间的变化关系。从图中可以看到，在 0 ~ 690min 的充热阶段，调整管径和布置方式后的蓄热器内材料熔化速率明显提高，在充热过程结束时，大部分固体材料完成了熔化；在 690 ~ 870min 的放热阶段，材料的凝固速率也有所提高，在放热过程结束时基本完成了凝固过程。对比两种管径及布置方式的液相体积比例还可以发现，两者随时间的变化情况基本相同。因此在效果类似的情况下，优先选择管径大、管束少的方式对蓄热器进行优化，以减少蓄热器加工和装配中存在的问题。

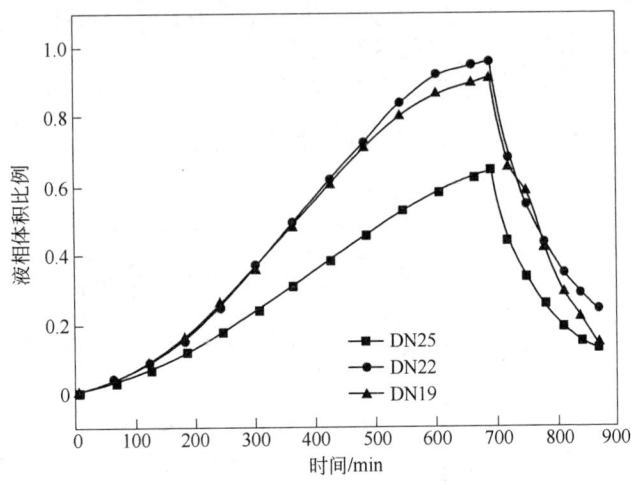

图 4 - 12　不同管径及布置方式的蓄热器内液相体积比例随时间的变化关系

4.4.2.2　添加肋片

　　上文中调整管径和布置方式的方法有效增大了传热面积，提高了材料熔化和凝固的速率。然而，在保证蓄热器内材料比例的情况下，通过该方法扩展传热面积的作用有限。为了进一步强化蓄热器内的传热,提高蓄热器效率,本书在上文研究的基础上对添加肋片的蓄热器进行了模拟研究。

常见的肋片可以分为环形和竖直形两种。由于环形肋片存在沿管长方向的排列密度问题,为了方便与上文的计算结果进行对比分析,本书仅对添加竖直形肋片的蓄热器进行研究,环形肋片的情况将在今后的工作中进一步展开。选择 DN22 换热管及布置方式的蓄热器模型作为研究对象,分析肋片面积增加时对蓄热器内材料熔化凝固速率的影响。不同面积肋片的参数和布置方式如表 4 – 4 和图 4 – 13 所示。

表 4 – 4　不同面积肋片的参数

方　案	肋高/mm	肋片数量	肋片面积/m²
1	10	2 × 12	0.156
2	10	4 × 12	0.312
3	15	4 × 12	0.468
4	10	8 × 12	0.624

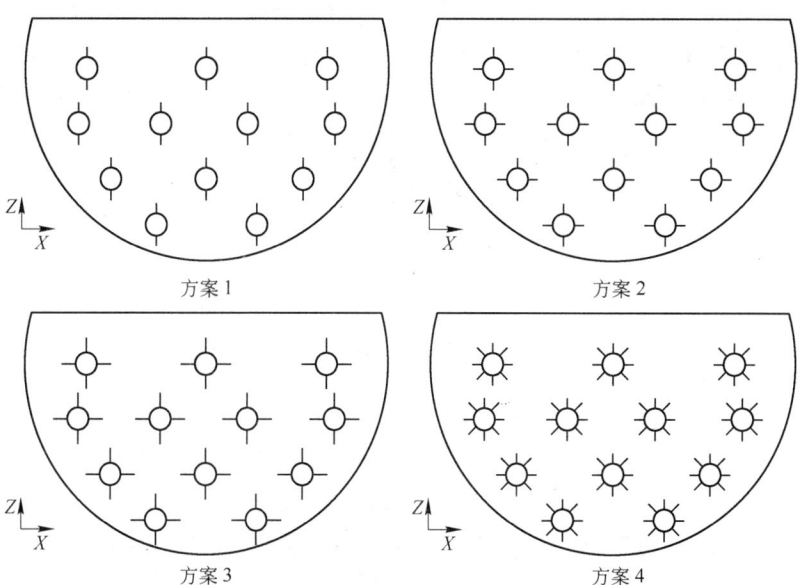

图 4 – 13　不同面积肋片的布置方式

　　假设本书中研究的肋片厚度均为 1mm，材质为铜。在 DN22 换热管蓄热器模型的基础上，按表 4 - 4 中各参数对计算空间进行划分，设置肋片区域为固态材料区域，在该区域内仅考虑铜质材料的导热过程，控制方程如下：

$$\frac{\rho c}{k} \times \frac{\partial T}{\partial t} = \frac{\partial^2 T}{\partial x^2} + \frac{\partial^2 T}{\partial z^2} \qquad (4-12)$$

　　肋片和换热管外的其他区域为蓄热材料区域，可采用式 4 - 1 ~ 式 4 - 4 进行计算。边界条件、初始条件和其他计算设置如前文所述。选择蓄热器内右半侧空间进行计算，经过网格独立性验证后，四种肋片蓄热器模型的网格数分别为 5590、6298、6979 和 7574。

　　图 4 - 14 是不同肋片面积蓄热器内液相体积比例随时间的变化情况。从图中可以看到，随着肋片面积的增加，蓄热器内液相体积比例在 0 ~ 690min 的充热阶段和 690 ~ 870min 的放热阶段明显增大，表明材料熔化和凝固速率都有所提高。此外，比较不同肋片面积条件下的液相比例还可以发现，当肋片面积由 0.468m² 增大到 0.624m² 时，液相体积比例变化较小，表明此时已基本达到肋片面积的最佳值，继续增大不仅对强化换热的作用较小，而且将增加肋片的质量和成本。

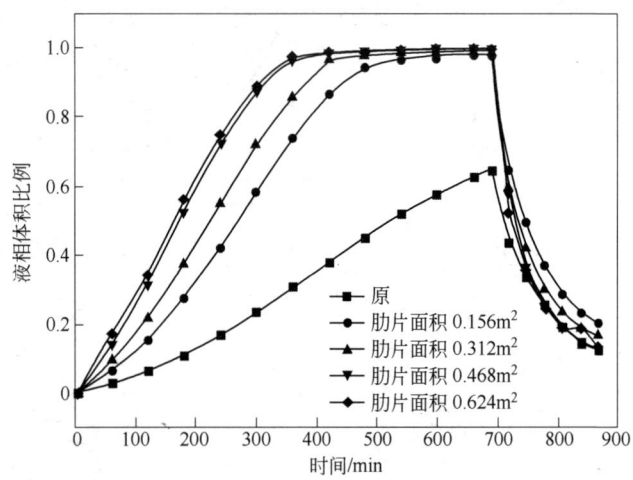

图 4 - 14　不同肋片面积蓄热器内液相体积比例随时间的变化情况

综合以上间接式蓄热器的三种优化方法，分别选取最优参数，即添加 10% 体积比例膨胀石墨，肋高 15mm、肋片数量 4 × 12，DN22 管径及布置方式的蓄热器进行模拟研究。涉及的计算模型、方法及设置情况如上文所述，本处不再赘述。图 4 – 15 反映了优化前后蓄热器内液相体积比例的对比情况。从图中可以看到，优化后的蓄热器内材料在充热过程进行到 180min 时已基本完成了熔化，并在放热过程的 60min 时完成了凝固，不仅大大缩短了蓄热器的充放热时间，而且解决了底部和两侧材料不易熔化的问题。

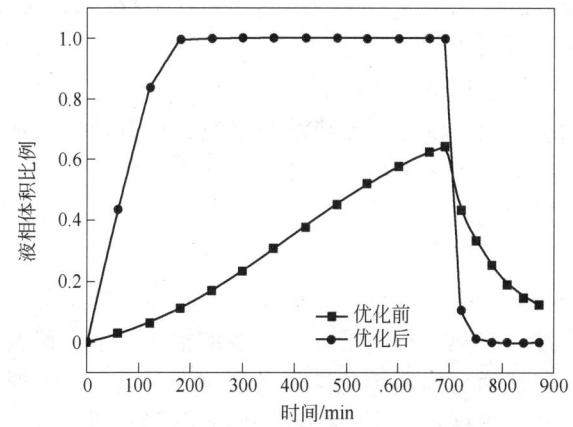

图 4 – 15 优化前后蓄热器内液相体积
比例随时间的变化情况

虽然蓄热器的蓄热量因添加其他材料降低为原来的 90%，但由于在较短时间内完成了材料的熔化和凝固过程，系统的充热时间缩短了 74% 以上，放热时间缩短了 67%，蓄热器的热效率 η 和放热强度 I 都将得到显著提高。

5 直接式蓄热器的实验研究与分析

通过前文对间接式蓄热器内传热过程的分析可以知道，蓄热器内固体材料间的导热程度较低，极大程度地限制了材料的熔化和凝固速率，影响了蓄热器的应用性能。针对该问题，本书第 4 章通过数值模拟的方法研究了提高材料热导率和调整蓄热器结构的优化方法，取得了较好的效果。

为了进一步强化蓄热器内的换热过程，本章在对间接式蓄热器实验研究的基础上，设计了导热油与蓄热材料直接接触换热的直接式蓄热器，并进行了相关的充放热实验研究。此外，本章还通过实验对不同导热油流量条件下直接式蓄热器内材料的熔化凝固情况进行了研究，进一步了解和掌握了系统运行参数对蓄热器充放热性能的影响，为实际系统的运行调节提供一些参考依据。针对材料凝固后造成导热油在充热过程初期流动较弱的情况，本章研究了应用电热棒形成快速流道对材料熔化速率的影响。最后，本章通过热效率和放热强度两个指标对直接式蓄热器进行了性能评价。

5.1 直接式蓄热器的工作原理和构成

在直接式蓄热器的应用过程中，换热工质被直接输送至装有蓄热材料的蓄热器下部。在重力作用下密度较小的换热工质穿过下部的蓄热材料区域向上流动，并在此过程中完成与蓄热材料的对流换热，以此实现热量的存储和释放。

实验研究中的直接式蓄热器由蓄热器箱体、蓄热材料、进油管和出油管构成。蓄热器箱体设计为圆柱体，直径为 340mm，Z 轴纵深方向为 150mm，采用 3mm 厚的不锈钢板加工制成。进油管设计为长方体，横截面尺寸为 30mm(X) ×20mm(Y)，Z 轴纵深为 140mm，采用 2mm 厚的钢板加工制成。为了使蓄热材料在 X 轴方向熔化更为均匀，三根进油管等间距地分布在蓄热器箱体下部。每根进油管上

沿 Z 轴方向等间距设置三个直径为 10mm 的进油口，以方便导热油较为均匀地进入蓄热器内部，减小 Z 轴纵深方向上材料的熔化凝固差异。出油管设计为圆柱体，直径为 22mm，Z 轴纵深方向长度为 140mm。同样，为使热油均匀流出蓄热器，在出油管上部等间距设置三个直径为 10mm 的出油口。

考虑到蓄热材料凝固后会沉积聚集在蓄热器下部，一定程度上影响了导热油在充热过程初期的流动，减小了对流换热强度，本书在进油管上的每个进油口处加装了直径为 8mm 的电热棒，用来在充热过程前形成快速流道，研究快速流道对材料熔化速率的影响情况。直接式蓄热器的内部结构及尺寸情况如图 5-1 所示。图 5-2 是直接式蓄热器的实物照片。

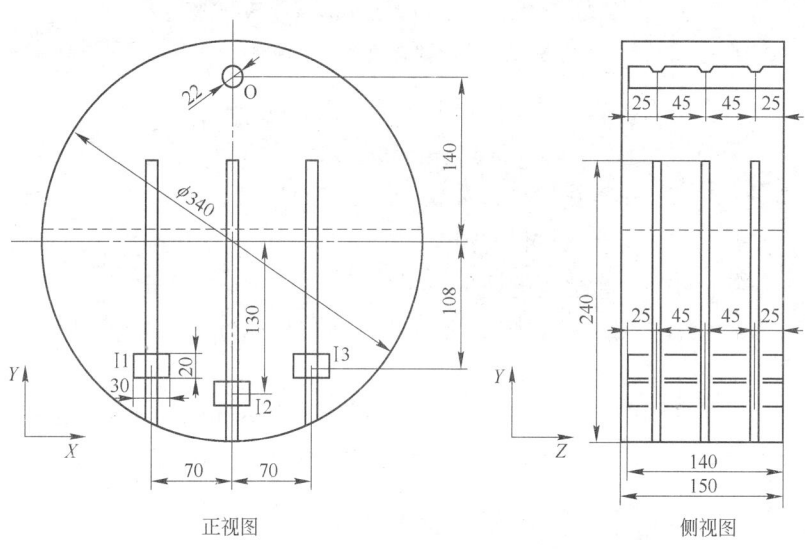

图 5-1 直接式蓄热器的内部结构及尺寸情况
I1～I3—进油管；O—出油管

虽然蓄热材料和导热油在重力作用下会自然分离，但当导热油的流量增大到一定程度时仍然会使部分蓄热材料被携带出蓄热器，造成了蓄热材料的损失，降低了蓄热器的蓄热量，而且材料在系统循环管路内凝固后会导致产生管路阻塞等问题。因此直接式蓄热器内材料的装载比例不易过大，实验中取蓄热器体积的 55% 左右。

图 5-2 直接式蓄热器的实物照片

蓄热器内蓄热材料的质量可通过下式进行计算：

$$m_{PCM} = 55\% \rho_{PCM} V \qquad (5-1)$$

式中 m_{PCM}——蓄热材料的质量，kg；

ρ_{PCM}——蓄热材料的密度，kg/m^3；

V——蓄热器的体积，m^3。

经计算，蓄热器内蓄热材料的质量约为 10.9kg，体积约为 0.0074m^3。

实验系统中的模拟热源部分和模拟用户部分同间接式蓄热系统，详见第 3 章中关于间接式蓄热实验系统的介绍。

5.2 实验研究内容、步骤及工况

5.2.1 实验研究内容

本章在间接式蓄热系统的基础上，对导热油和蓄热材料直接接触式的蓄热器进行了实验研究。通过安装在蓄热器侧面的玻璃视窗观察材料的熔化凝固状态，研究了直接式蓄热器内材料的熔化凝固规律。通过改变充放热实验过程中导热油的流量，研究了导热油流量对直接式蓄热器内材料熔化凝固的影响情况。此外，本章还针对凝固材料造成充热过程初期导热油流动减弱的问题，研究了应用电热棒形成快速流道的解决方法。最后，计算了直接式蓄热器的热效率和放热强度，对直接式蓄热器进行了性能评价。

5.2.2 实验研究步骤

直接式蓄热器内材料熔化凝固规律的实验研究可以分为充热和放热两个阶段，与间接式蓄热系统基本相同，本处不再赘述。

在研究应用电热棒形成快速流道的实验中，需在充热实验前开启电热棒，并通过设置在蓄热器侧面的玻璃视窗密切观察电热棒周围材料的熔化情况，当出现明显的流道后，立即关闭电热棒，进行充热实验。

5.2.3 实验研究工况

充热实验中导热油温度为140℃，流量为 $0.2m^3/h$ ；放热实验中导热油流量为 $0.15m^3/h$ ，水箱内水的体积为 $0.067m^3$ ，初始水温为27.5℃。

5.3 实验结果与分析

5.3.1 蓄热材料熔化凝固规律分析

由于实验过程中导热油与蓄热材料直接混合，蓄热器内实际测量的是导热油和蓄热材料混合物的温度，不能反映出蓄热材料的真实温度值，因此不易通过蓄热器内的温度变化情况来分析材料的熔化凝固规律。为此，本书在直接式蓄热器侧面设计安装了玻璃视窗，通过观察材料在固定时间间隔内的状态来分析其在充放热过程中的熔化凝固规律。

图5-3反映了直接式蓄热器内材料在充热过程中的熔化情况。从图中可以看出，在充热实验进行了1h后，蓄热材料的熔化状态无明显变化，此时大部分蓄热材料还处于固态状态，热量的存储以显热形式为主。充热实验进行2h后，蓄热材料上部开始熔化，并出现了两个近半圆形状的熔化区域。充热实验进行3h后，熔化区域逐渐

扩大，蓄热材料的中上部已基本完成熔化。充热实验进行 4h 后，除蓄热器底部少量材料外，其他部位的蓄热材料已完成熔化过程。继续进行 1h 充热实验可以发现，底部材料熔化状态的变化非常小，属于较难熔化区域，因此基本可以认为充热实验完成。

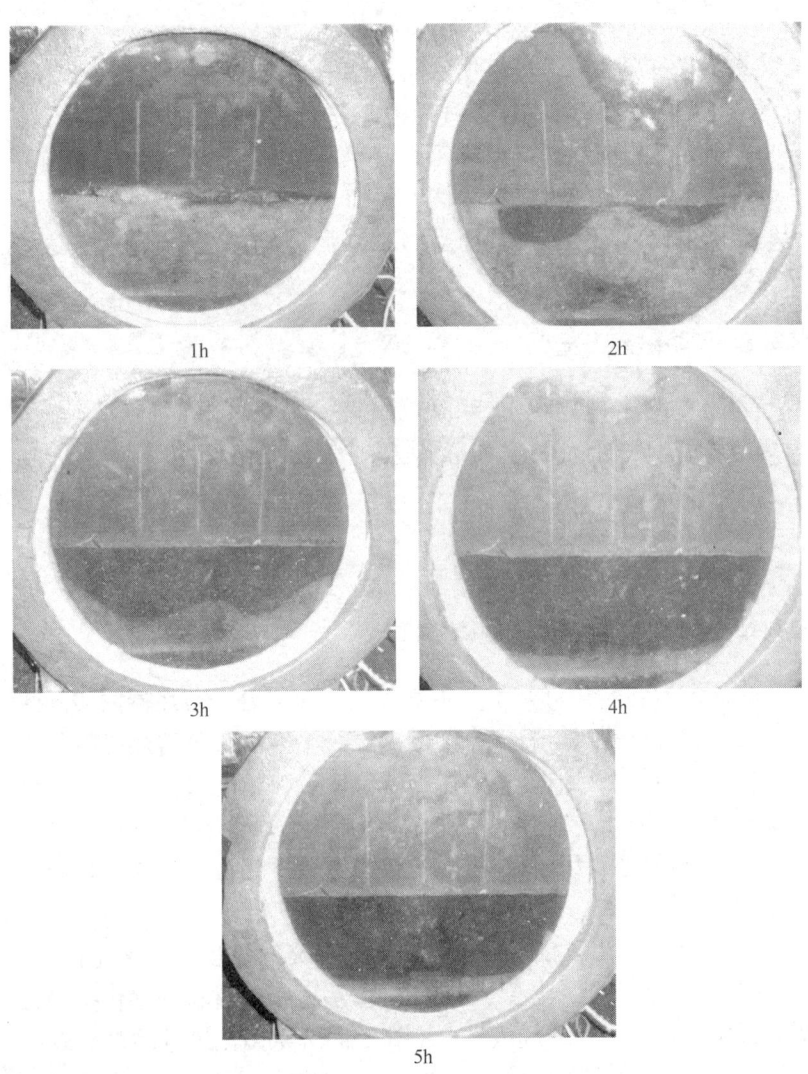

图 5-3　直接式蓄热器内材料的熔化情况

分析以上整个过程不难发现,直接式蓄热器内材料的熔化是从上部开始并逐渐向下进行的。这种现象产生的原因还需要从上一次放热实验开始分析。

由于蓄热材料密度较大,放热后凝固聚积在蓄热器下部,一定程度上影响了导热油在下一次充热实验中的正常流动,减弱了蓄热器内的对流换热强度。然而,放热过程中导热油在蓄热材料间的流动,造成凝固的材料间出现了许多微小的空穴和缝隙,给导热油的流动形成了微流道。由于导热油进入蓄热器下部后主要在进油管垂直方向上流动,因此进油管上方分布的微流道数量较多,特别是蓄热材料上部与导热油区域的交界面处,如图5-4所示。

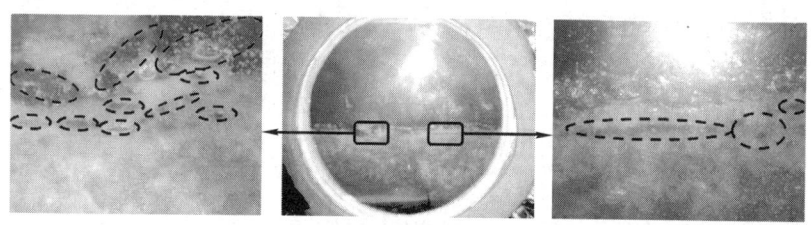

图5-4 直接式蓄热器内材料凝固过程中产生的空穴和缝隙

充热实验开始后,高温导热油进入蓄热器下部,通过微流道向上流动,然后经出油管流出蓄热器。一段时间后,蓄热器上部导热油的温度快速上升并接近140℃,给上部蓄热材料的熔化提供了温度条件。同时,如图5-4所示,进油管上方靠近导热油交界面处的蓄热材料存在较多空隙,使得此处的流动情况较为强烈,对流换热程度较高,材料熔化较快。当上部材料出现熔化区域后,熔化后的液态材料在导热油流动的影响下形成了如图5-5所示的局部区域循环流动,进一步增强了上部区域的对流换热情况。随着材料的不断熔化,该区域也在不断扩大,并逐渐形成了由上向下的熔化过程。

另外,观察图5-5中材料的熔化状态还可以发现,左右两根进油管上方的材料熔化较快,中间进油管的材料熔化较慢。造成这种情况的原因是中间进油管位置较低,在放热过程中首先受到下部材料凝固的影响,使得垂直方向上的微流道数量较少,从而导致充热过程中对应位置的材料熔化较慢。中间和两侧进油管附近材料的凝

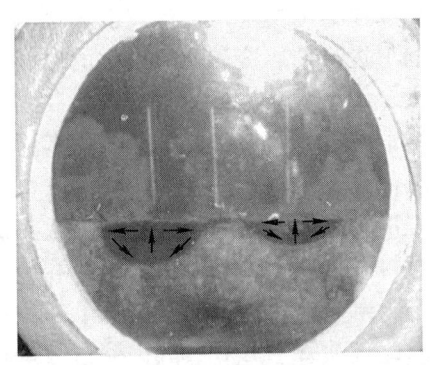

图 5 – 5　熔化后液态材料区域的局部循环流动情况

固差异可参见图 5 – 6 中材料在 0.5h 的凝固情况。

　　图 5 – 6 是直接式蓄热器内材料在放热过程中的凝固情况。从图中可以看出，在放热实验进行 0.5h 后，蓄热材料上部和下部开始发生凝固现象。在随后的 2h 放热实验内，蓄热材料上部和下部凝固区域逐渐扩大，并向中部发展。放热实验进行 2.5h 后，蓄热材料基本完成凝固，放热实验结束。总结整个过程可以知道，材料的凝固是由四周逐渐向中心进行的。这种凝固现象产生的原因主要和导热油在蓄热器内的流动有关。放热实验开始后，温度较低的导热油从进油管流入蓄热器下部，使得下部材料冷却后放热凝固。之后，导热油穿过液态材料区域向蓄热器上部流动，并与上部的导热油充分混合，使得导热油区域的温度降低。蓄热材料上部与低温导热油充分接触，具有较大的换热面积，而且受导热油流动的影响，液态材料区域和导热油区域都形成了局部循环流动，使得位于交界面处的上部蓄热材料对流换热强度较大，形成了上部材料凝固较快的现象。

5.3.2　导热油流量对蓄热材料熔化凝固的影响分析

　　为了确定导热油流量对直接式蓄热器内材料熔化凝固的影响情况，继而为系统运行调节提供一定的参考依据，本书在直接式蓄热器实验基础上进行了导热油流量为 $0.2m^3/h$ 和 $0.4m^3/h$ 的充热实验研究和导热油流量为 $0.1m^3/h$ 和 $0.2m^3/h$ 的放热实验研究。

　　图 5 – 7 是不同流量条件下直接式蓄热器内材料的熔化情况。从

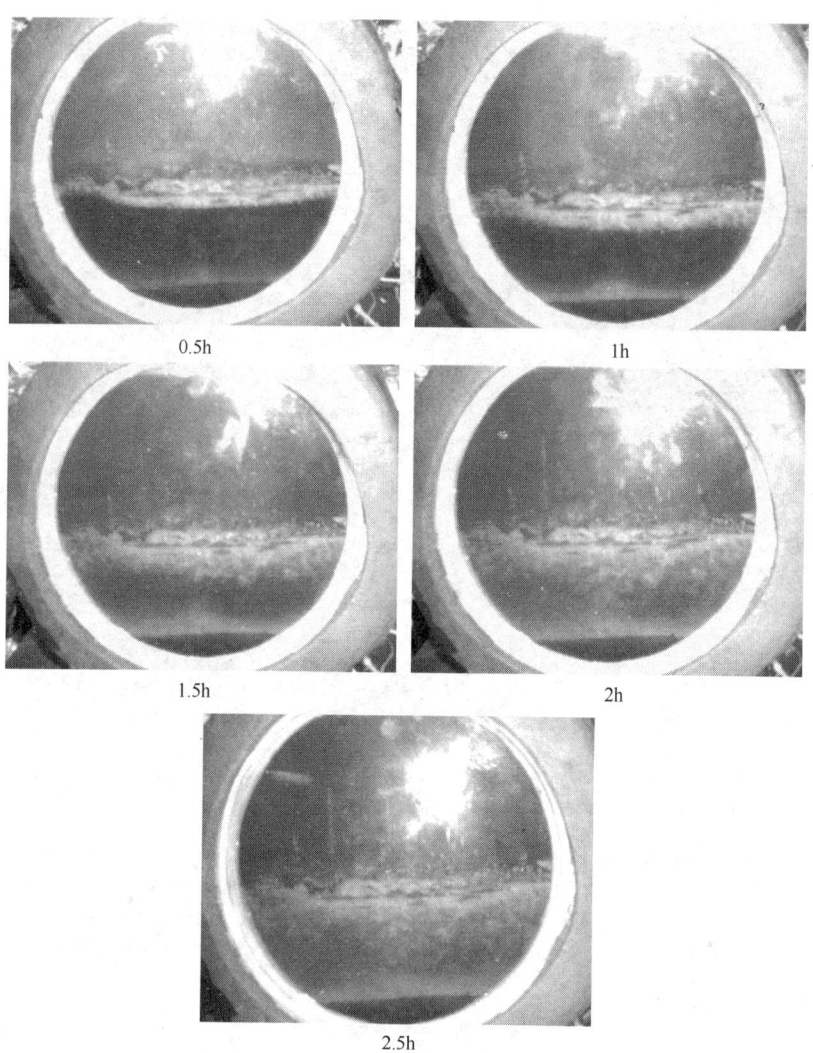

图 5-6 直接式蓄热器内相变材料的凝固情况

图中可以看到,充热过程前期,随着导热油流量的增大,蓄热材料的熔化速率变化较为明显。原因是大流量导热油流动加强了液态材料区域的局部循环流动,从而强化了材料的对流换热,使得材料的熔化速率加快。充热过程后期,不同流量下材料的熔化差异逐渐减

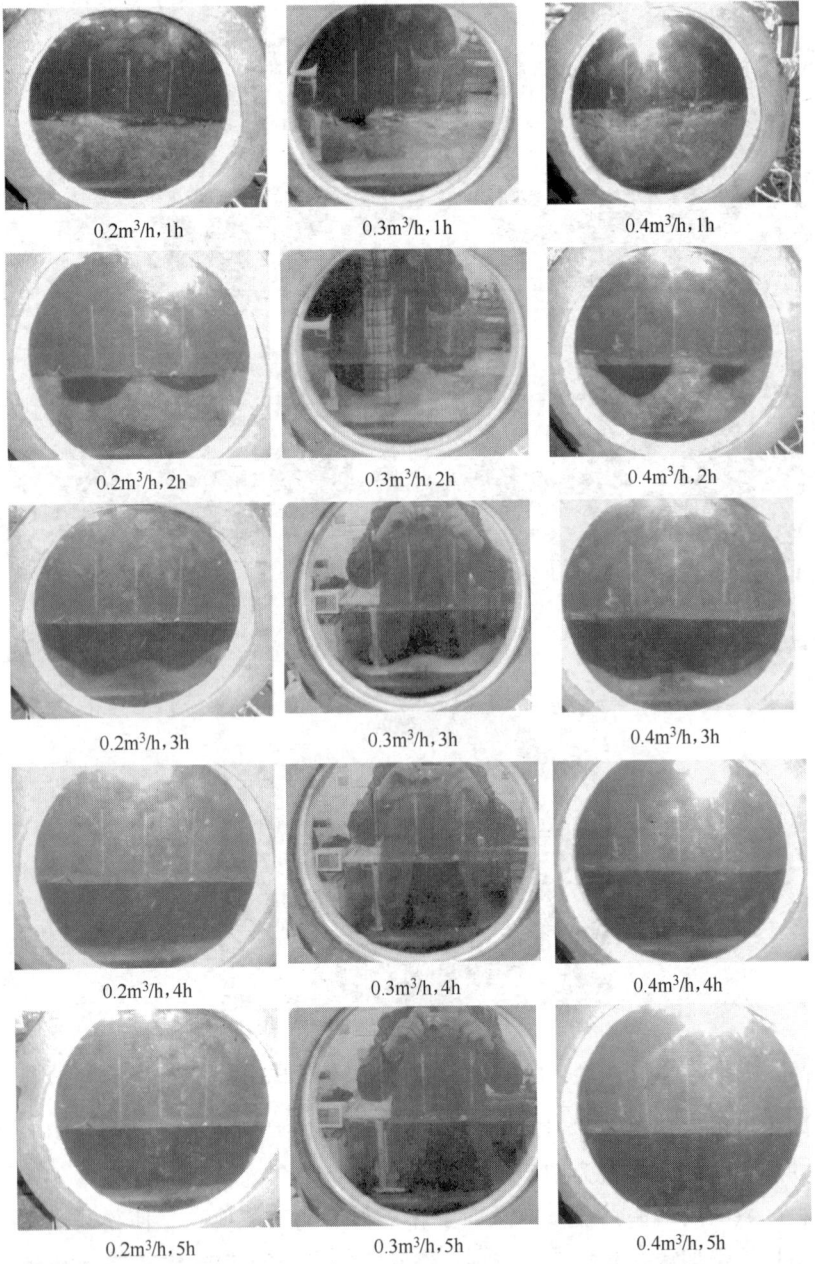

0.2m³/h, 1h　　0.3m³/h, 1h　　0.4m³/h, 1h

0.2m³/h, 2h　　0.3m³/h, 2h　　0.4m³/h, 2h

0.2m³/h, 3h　　0.3m³/h, 3h　　0.4m³/h, 3h

0.2m³/h, 4h　　0.3m³/h, 4h　　0.4m³/h, 4h

0.2m³/h, 5h　　0.3m³/h, 5h　　0.4m³/h, 5h

图 5 - 7　不同流量条件下直接式蓄热器内材料的熔化情况

小。原因是导热油进入蓄热器后主要向上部流动，对下部材料的影响程度较小。

图5-8是不同流量条件下直接式蓄热器内材料的凝固情况。从

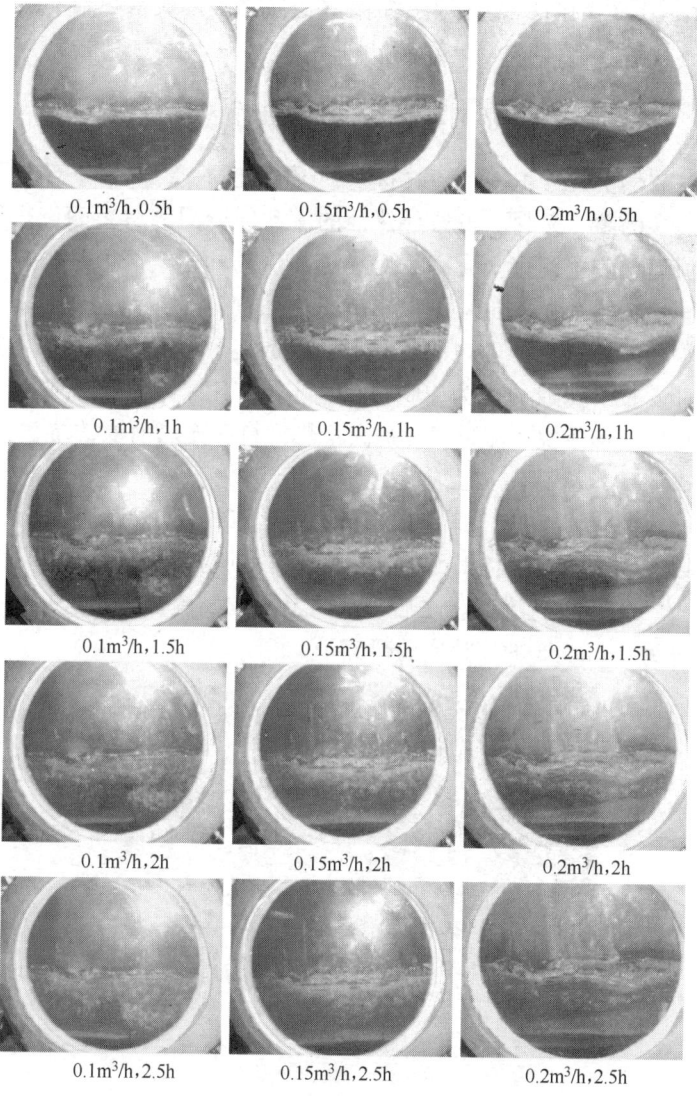

图5-8　不同流量条件下直接式蓄热器内材料的凝固情况

图 5 - 8 中可以看出，直接式蓄热器内材料的凝固速率随导热油流量的增大而增大。

综合导热油流量对直接式蓄热器内材料熔化凝固的影响情况可知，在一定范围内，提高导热油流量是强化直接式蓄热器充放热效率的有效手段。

5.3.3 快速流道对蓄热材料熔化的影响分析

在放热实验过程中，随着材料的逐渐凝固，蓄热器下部聚积了越来越多的固态材料。虽然导热油的流动使凝固的材料间产生了许多微流道，防止其完全凝固后对导热油流动的堵塞，但是材料的这种凝固情况还是在一定程度上影响了导热油的正常流动，减弱了充热过程初期的对流强度。因此，本书根据这个情况在直接式蓄热器内设计安装了九根功率为 400W 的电热棒，用来在充热实验前加热蓄热材料，形成快速流道，以提高蓄热材料在充热前期的熔化速率。电热棒的尺寸及安装位置情况见图 5 - 1。

图 5 - 9 是开启电热棒约 1.5min 后形成的快速流道情况。从图中可以看到，电热棒在 1.5min 内对其周围的材料加热并形成了直径约为 10 ~ 15mm 的流道。之后，按照上文的实验步骤，进行了导热油流量为 0.4m³/h 的充热实验研究。

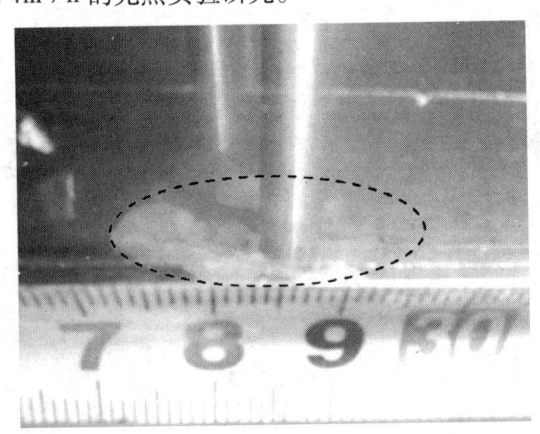

图 5 - 9　应用电热棒形成的快速流道情况

图 5 - 10 是有无快速流道情况下直接式蓄热器内材料的熔化情况对比。从图中可以看出，形成快速流道后材料在充热过程前期和中期的熔化速率明显提高。原因主要是快速流道的形成扩大了导热油的流动区域，强化了充热过程前期和中期的对流强度。随着充热过程的进行，蓄热器内大部分材料完成熔化，快速流道区域逐渐消失，材料的熔化速率也逐渐降低。

在应用电热棒产生快速流道的 1.5min 内，共消耗能量约 324kJ，直接式蓄热器的最大蓄热量可通过下式进行计算：

$$Q_{max} = m_{PCM}\Delta h + m_{PCM}c_{p,PCM}\Delta T_{PCM} + m_O c_{p,O}\Delta T_O \qquad (5-2)$$

式中　Q_{max}——蓄热器的最大蓄热量，MJ；

m_{PCM}——蓄热材料的质量，kg；

m_O——导热油的质量，kg；

Δh——蓄热材料的相变潜热，MJ/kg；

$c_{p,PCM}$——蓄热材料的定压比热容，MJ/(kg·℃)；

$c_{p,O}$——导热油的定压比热容，MJ/(kg·℃)；

ΔT_{PCM}——蓄热材料的温差，℃；

ΔT_O——导热油的温差，℃。

经计算，直接式蓄热器的最大蓄热量 Q_{max} 为 6.5MJ，因此可以知道形成快速流道消耗的能量约为蓄热器最大蓄热量的 5%。对于实际规模的蓄热器来说，由于蓄热量较大而产生快速流道消耗的能量变化较小，该比例要远远小于实验中的数值。说明应用电热棒产生快速流道来提高充热过程前期熔化速率的方法是可行的。

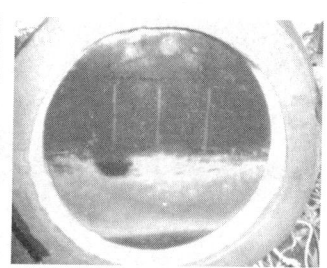

无快速流道，1h　　　　　　　　　有快速流道，1h

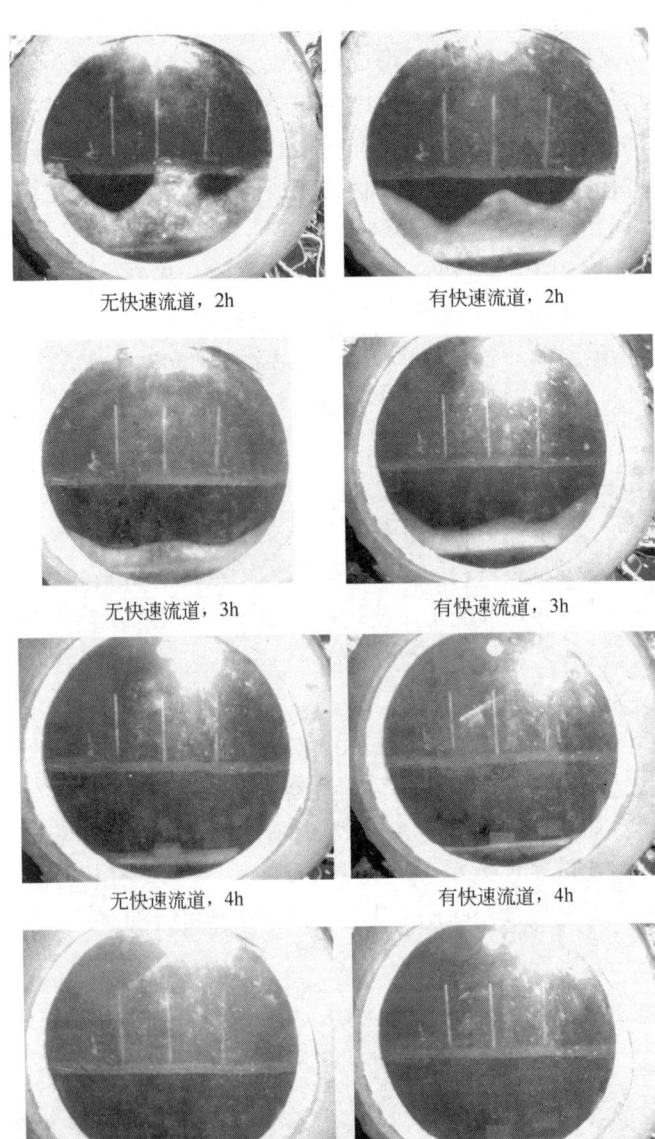

图 5 - 10　有无快速流道情况下直接式蓄
热器内材料的熔化情况对比

5.3.4 蓄热器性能分析

与第3章对间接式蓄热器的性能分析方法相同，本章通过计算用户侧水箱内水吸收的热量来间接分析直接式蓄热器释放的热量，然后计算蓄热器的两个性能指标——热效率和放热强度来对蓄热器的性能做出评价。

（1）热效率。本书中蓄热器的热效率 η 定义为蓄热器实际释放的热量与最大蓄热量之比。直接式蓄热器的最大蓄热量 Q_{max} 由上文可知，为6.5MJ。实际释放的热量可通过用户侧水箱内水吸收的热量计算。在放热实验过程中，水箱内水的体积为 $0.067m^3$，温度由20.9℃升高到了39.2℃，吸收的热量约为5.1MJ。考虑到换热器的热效率（90%）和系统热损失（5%），直接式蓄热器在放热过程中释放的实际热量 Q_r 约为6MJ。

因此经计算直接式蓄热器的热效率 η 约为92.3%。由此可见，直接式蓄热器具有较高的热效率，在实验设计的充放热时间内热量存储和释放效率较高。

（2）放热强度。放热强度描述的是蓄热器随时间变化的放热能力，定义为单位时间内释放的热量大小。应用上文中直接式蓄热器的放热实验数据，根据放热强度式3-5计算时间间隔为10min时蓄热器的放热强度 I，得到直接式蓄热器的放热强度变化情况如图5-11所示。

从图5-11中可以看到，与间接式蓄热器的放热强度相比，直接式蓄热器的放热强度变化速度较快。在放热过程的前80min内，由3.5kW迅速下降到0.2kW，减小了近94%。在放热过程的后70min内，放热强度基本趋于稳定，并维持在0.2kW左右。综上可以知道，直接式蓄热器的放热强度变化较为明显，在应用过程中要充分考虑到对用户侧供热系统稳定性的影响。

此外，通过观察图5-11还可以发现，在放热强度下降的整个过程中并未出现明显的波动情况，说明直接式蓄热器内材料在放热过程中发生过冷现象的程度较小。

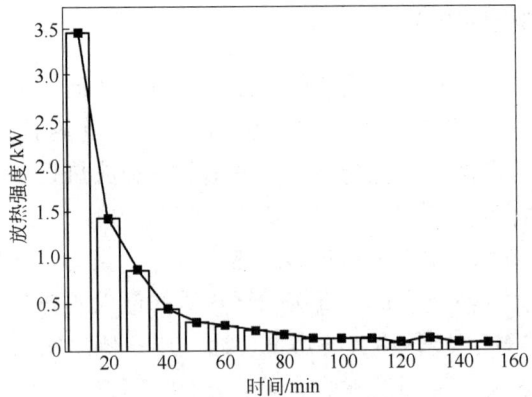

图 5 – 11　直接式蓄热器的放热强度变化情况

6 移动式余热利用系统的经济性研究

任何一项科学技术研究的最终目的都是推动经济建设和社会发展。因此在课题研究过程中有必要对所做的研究项目进行合理的经济性分析，从而使得研究方向更加明确，研究资源规划和配置更加合理，也可以使研究成果更好地向实际应用转化，创造更大的社会价值。

本章在参考移动式余热利用实验系统的基础上，对实际应用规模的移动式余热利用系统进行了成本和收益估算。通过三个经济性指标（投资回收期、净现值和内部收益率）对移动式余热利用系统的经济性进行了研究。此外，本章还分析了影响项目经济性的不确定性因素，并在此基础上进行了敏感性分析研究，给实际工程决策和立项提供了参考依据。

6.1 成本和收益估算

一个项目从投产建设到实际运行，成本和收益是考察其经济性的两个首要关键数据。其中成本主要指项目建设和运行过程中消耗的所有资源折算到经济上的集中表现，主要包括项目建设初期的投资成本和后期经营的运行成本。收益主要指通过项目运行所获得的利润和回报。

6.1.1 成本估算

6.1.1.1 投资成本估算

建设项目的投资成本主要有固定资产投资成本、无形资产投资成本和流动资金等[90]。这其中，固定资产成本又主要包括了设备费、设备安装费、工程建设费及期间发生的借款利息等[90]。为简化研究内容，在本书的案例分析中不考虑无形资产投资成本、流动资金和借款利息。因此移动式余热利用项目的投资成本主要包括蓄热器、阀门、管道等设备费，设备安装费以及改造热源和用户侧的工程建设费。

　　为方便计算，在对实际规模的蓄热器进行成本估算过程中，取长方体间接式蓄热器作为研究对象，考虑到便于运输和装卸，蓄热器的尺寸按照 20GP 的标准集装箱规格设计，即 5.69m（长）× 2.13m（宽）×2.18m（高），体积 26.4m³。蓄热器内蓄热材料的装载体积比例按 85% 计算。蓄热器箱体设计采用 4mm 厚的普通碳钢板。换热管按照第 4 章优化后的管径与箱体体积比例，采用 19 根直径为 140mm，壁厚为 4.5mm 的普通钢管。肋片选用肋高为 95mm，厚度为 1.5mm 的直肋，每根换热管设置 4 个直肋。蓄热器箱体外侧设置 20mm 厚的岩棉保温层和 50mm 厚的聚氨酯保温层，最外侧为 2mm 厚的玻璃钢（fiber reinforced plastics，FRP）材质外壳。蓄热器的设备费估算详细情况如表 6-1 所示。

表 6-1　移动式余热利用系统的蓄热器设备费用估算

名　称	规　格	质量/t	单价/万元·t⁻¹	费用/万元
PCM（赤藻糖醇）	工业级	32.7	2.5[91]	81.75
换热管（钢管）	140mm×4.5mm 19 根	1.70	0.40[92]	0.68
肋片（钢带）	95mm×1.5mm 76 片	0.50	0.40[92]	0.20
蓄热器外壳（钢板）	4mm	1.80	0.50[92]	0.90
保温层（岩棉、聚氨酯）	20mm 岩棉 50mm 聚氨酯	0.12 0.13	0.48[93] 0.70[94]	0.15
箱体外壳（FRP）	2mm	0.20	—	3.00[95]
共　计	—	37.2	—	86.68

　　考虑到大吨位货物公路运输对路面和交通安全性的影响，各个国家均对公路运输的最大载重量进行了限制。根据我国《道路车辆外廓尺寸、轴荷及质量限值》（GB 1589—2004）的规定，公路运输的最大载重量为 49t。一般情况下，我国重型卡车配置拖挂后的质量

为 10t 左右[96,97]。因此，根据上述最大载重量的限制，要求蓄热器的总质量应小于 39t。通过表 6-1 可知，本书案例中设计的蓄热器的总质量为 37.2t，符合上述标准规定，因此从质量上判断该案例中的蓄热器是符合要求的。

本书中假设余热源的形式为蒸汽，可以直接进入间接式蓄热器进行充热。用户侧供热系统的回水亦可以直接接入蓄热器进行换热，因此在热源和用户侧不需要单独设置换热器。其他设备如管道、阀门和仪表等按 1 万元计算。设备安装费参照《机械工业建设项目概算编制办法及各项概算指标》中热水锅炉房的标准计算。考虑到移动式余热利用系统的具体情况，取设备安装费为总设备费的 7%，共计 6.1 万元。热源和用户侧的改造施工费约为 5 万元。因此，项目总投资成本共计 98.78 万元。

6.1.1.2　运行成本估算

项目运行成本指项目建成后，系统运行和维护过程中发生的费用，是核算项目经济性的一个重要数据。一般情况下，项目的运行成本为总运行成本扣除设备的折旧费、无形资产摊销费和发生的借款利息支出等[90]。在本书的经济性研究中，忽略后几项因素，仅考虑项目运行时产生的总成本费用。

移动式余热利用系统的总运行成本包括蓄热器的运输成本和充热过程中的热源成本两部分。为方便计算，运输费用实行包车制付费，即运输成本包括了人工费、燃料费及其他运营费等。按照目前我国运输市场行情，包车运输费的价格约为每吨每公里 0.3 ~ 0.5 元[98]，本书按 0.4 元计算。假设热源与用户间的距离为 10km，卡车运输时速为 40km/h，那么蓄热器往返热源与用户间的运输时间为半小时。按照前文 37.2t 的货运质量，在热源与用户间往返运输一次蓄热器的运费为 297.6 元。根据前文实验和模拟数据，取优化后的蓄热器充热时间为 3h，放热时间为 1h，蓄热器在热源与用户间每天最多可往返运送 5 趟，在北方 120 天的供暖季内共可往返运送 600 趟，涉及的运输成本共计 17.9 万元。

由于余热属于二次回收利用资源，目前尚无统一的价格标准及参考，因此在本书的经济性分析中认为余热热源的成本为零，仅考虑余热源检修和管道更换等费用，按照 3 万元/年计算。涉及余热价格变动对系统经济性的影响在下文的敏感性分析中再做进一步讨论。

6.1.2 收益估算

收益是项目投资和建设的目的，也是整个项目可以持续运行的必要保障。项目收益主要包括货币形式的经济收益，同时也包括社会和环境方面的其他收益。相比于传统形式的供热系统，应用移动式余热利用系统产生的经济收益主要来源于替代燃煤、燃油或燃气锅炉后节省的燃料费用，主要收益形式为用户交纳的供暖费及各种节能补贴。为简化收益估算，本书仅将应用移动式余热利用系统后节省的燃料费用作为项目收益进行分析。

通过第 3 章中的实验数据可以知道，蓄热器完成放热过程后的材料温度约为 60℃，考虑到运输过程中的温度损失，蓄热材料进行下一次充热时的初始温度约为 50℃。根据式 3 - 4 和蓄热材料赤藻糖醇的热物性参数可以计算本章中实际应用规模的间接式蓄热器的最大蓄热量约为 13.8GJ，如果取蓄热器的热效率为 90%，那么蓄热器实际释放到用户侧的热量约为 12.4GJ。

对于一个应用燃煤锅炉的传统供热系统而言，应用移动式余热利用系统在一个供暖季内所节省的燃料费可通过下式进行计算：

$$C_f = \frac{Q_r p n}{\eta_b q} \tag{6-1}$$

式中 C_f——应用移动式余热利用系统节省的燃料费，万元/年；

Q_r——蓄热器实际释放的热量，GJ；

p——燃料价格，0.125 万元/t[99]；

n——移动式余热利用系统一年内的供热次数，600 次；

η_b——锅炉效率，80%；

q——燃煤的单位质量发热量，29.2GJ/t[100]。

经计算，移动式余热利用系统应用于效率为 80% 的燃煤锅炉供热系统时，一年可节省的燃料费用约为 39.8 万元。

6.2 经济性评价

前文对移动式余热利用系统的投资成本、运行成本和收益进行了估算，初步了解了项目在运行过程中的经济情况。然而，要进一步掌握系统运行的经济效果，还要通过三个主要的经济性评价指标——净现值、投资回收期和内部收益率对项目进行经济性评价研究。

6.2.1 净现值

净现值 NPV（net present value）指系统在运行年限内每年的收益减去运行成本得到的净现金流按照一定折现率折现后的总和与投资成本的差额[101]。它体现了项目运行一段时间后积累的净现金流情况，具体公式如下：

$$\text{NPV} = \sum_{0}^{l} \frac{I_t - C_t}{(1 + r)^t} - C_0 \qquad (6-2)$$

式中　NPV——项目净现值，万元；

I_t——系统运行第 t 年的收益，万元；

C_0——系统的投资成本，万元；

C_t——系统运行第 t 年的运行成本，万元；

r——折现率，即将未来有限期预期收益折算成现值的比率；

l——系统的运行年限。

通过 NPV 值对项目经济性进行评价的标准如下：如果 NPV > 0，表示除投资和运行成本外，项目的利润大于零，方案可行；如果 NPV ≤ 0，表示项目利润为零或无利润，方案不可行。

假设本书研究的移动式余热利用项目的运行年限为 15 年，对于上述分析的常规燃煤锅炉供热系统，当折现率 r 取 7%、10% 和 15% 时，系统的 NPV 值随项目运行年份的变化情况如图 6 - 1 所示。

从图 6 - 1 中可以看到，在项目开始运行的前几年内，系统的 NPV 值均小于零，表示项目收益扣除投资和运行成本外无利润产生。随着项目的进行，系统的 NPV 值逐渐增大并在某一年份时变为正值，表示在项目运行年限内，三种折现率情况下的系统均可收回成

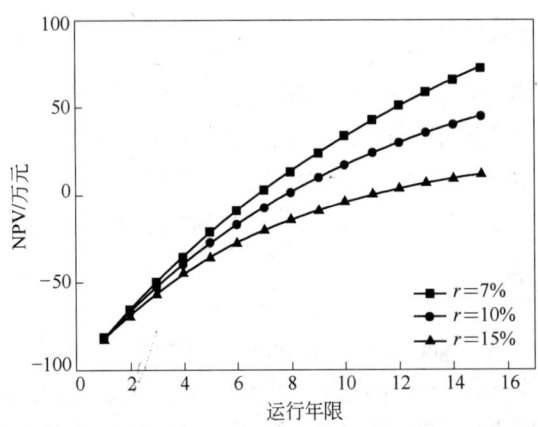

图 6 - 1 不同折现率情况下移动式余热利用系统在运行年限内的 NPV 值

本并产生一定利润，说明从净现值上分析，移动式余热利用系统是经济可行的。

另外，对比图 6 - 1 中不同折现率条件下系统的 NPV 值可知，随着折现率的提高，项目收益越来越低。由于一般情况下工程项目的折现率不会高于 15%[102]，因此说明该项目在经济性上具有一定的抗风险能力。

6.2.2　投资回收期

投资回收期 PBP(pay back period) 是对项目进行经济性评价的另外一个重要指标，它是指在系统的运行年限内，回收项目全部成本所用的时间[103,104]。投资回收期可以分为静态投资回收期和动态投资回收期[104]。两者的区别在于前者在计算过程中忽略了资金随时间的变动部分。为了更为准确地分析移动式余热利用项目的经济性情况，本书选择动态投资回收期计算方法，其计算公式如下：

$$- C_0 + \sum_0^{T_p} \frac{I_t - C_t}{(1 + r)^t} = 0 \qquad (6-3)$$

式中　T_p——动态投资回收期，年；

　　　I_t——系统运行第 t 年的收益，万元；

　　　C_0——系统的投资成本，万元；

C_t——系统运行第 t 年的成本，万元；

r——折现率。

经计算，折现率为 7%、10% 和 15% 时项目的投资回收期分别为 7 年、8 年和 11 年，说明在系统运行年限内可收回成本并取得一定利润，项目是经济可行的。

6.2.3 内部收益率

内部收益率 IRR(inner rate of return) 指在项目运行年限内，净现金流累计等于零时的折现率，反映了项目可望达到的报酬率[105]。通过 IRR 值判断项目经济性的标准为：当 IRR 值大于实际折现率时，说明在投资年限内净现金流大于零，方案可行；当 IRR 值小于实际折现率时，说明在投资年限内净现金流小于零，方案不可行。IRR 值的计算公式如下所示：

$$-C_0 + \sum_0^{T_p} \frac{I_t - C_t}{(1 + IRR)^t} = 0 \qquad (6-4)$$

应用线性插值法求解式 6-4，试算 r 取 15%~20% 时的 NPV 值，计算结果见表 6-2。

表 6-2 折现率为 15%~20% 时移动式余热利用系统的 NPV 值

r	15%	16%	17%	18%	19%	20%
NPV/万元	11.7	6.6	1.8	-2.5	-6.6	-10.4

由表 6-2 可知，当 r 取 17% 时对应的 NPV = 1.8 > 0；当 r 取 18% 时对应的 NPV = -2.5 < 0，因此该项目的内部收益率 IRR 应该介于 17% 和 18% 之间，对这两个值进行插值计算，求得 IRR = 17.42%。折现率对项目经济性的影响在前文中已进行了分析，一般情况下 r < 15%。因此可知移动式余热利用系统的 IRR > r，表示从内部收益率上分析该项目是经济可行的。

6.3 不确定性评价

上文中通过净现值、投资回收期和内部收益率这三个指标对移动式余热利用系统进行了经济性评价分析，为项目的推广和建设提供了经济参考依据。然而，由于上述分析中的部分数据来自于预测和估算，在项目实际运行过程中存在一定程度上的变动因素，增加了项目在经济分析过程中的不确定性，加大了投资风险。因此，有必要针对项目运行中的不确定性因素对经济性的影响情况作进一步分析。

6.3.1　不确定性因素筛选

对于本书研究的移动式余热利用系统而言，影响其经济性的不确定性因素较多，然而由于各因素对经济性的影响程度不一，逐一研究不仅较为繁琐，而且各因素间关系复杂，不易理清头绪。因此，首先要对影响项目经济性程度较大的主要不确定性因素进行筛选。

通过本书中蓄热器的实验和模拟研究可以知道，优化前后蓄热器的充热时间都要远大于放热时间，而且实际规模的蓄热器体积较大，内部材料熔化差异更为明显，容易导致充热时间的进一步延长，增加蓄热器在用户和热源间完成一次供热循环的时间，降低系统的经济性。因此，蓄热器的充热时间是影响项目经济性的主要不确定性因素之一。

其次，在实际应用中，移动式余热利用系统主要面向分散式的热用户。不同热用户与热源间的距离存在较大差异，不仅直接影响到项目的运输成本，而且也影响了蓄热器在用户与热源间的运输频率，因此热源距离也是影响项目经济性的主要不确定性因素。

再次，移动式余热利用系统的热量主要来源于各类工业行业。由于余热资源不同于普通形式的商品热源，属于二次回收能源，目前还很难对其制定出统一的价格标准。而且根据余热来源和形式的不同，其价格的变化范围较大，造成了项目的运行成本随余热价格的变动。由此可见，余热价格也属于影响项目经济性的主要不确定性因素。

综上，本章针对移动式余热利用系统主要进行蓄热器充热时间、热源距离和余热价格三种不确定性因素的分析。

6.3.2　不确定性因素变化范围

在确定了项目的主要不确定性因素后，就要对这些不确定性因素的变化范围进行初步分析，以便于缩小下一步进行的敏感性分析的研究范围，减少工作量。同时，对不确定性因素的变化范围进行分析还可以粗略地判断项目受不确定性因素变化的最大承受能力，为项目立项和论证提供一个快速的判断依据。

为方便研究，本书假设蓄热器的最小充热时间为1h，热源的最短距离为5km，余热的最低价格为3万元/年（仅考虑检修费等），三种不确定性因素均取整数值，其他计算条件和数据如上文。

当热源距离最近，余热价格最低时，蓄热器的允许充热时间达到最大。项目经济性的最低可接受情况为在系统运行年限内收回成本，即 $T_p = 15$ 时，NPV = 0。取折现率 r 为 10%，通过式 6 - 2 计算蓄热器最大的允许充热时间为7h。同理，取充热时间为1h，余热价格为零，计算允许的最远热源距离为13km。取充热时间为1h，热源距离为5km，计算允许的最高热源价格为32万元/年。

6.3.3　敏感性分析

对于实际运行项目而言，以上三种不确定性因素不可能同时取得最大或最小值，而是在上述范围内根据实际情况变动。因此，当三种不确定性因素同时变化时，就需要考虑哪种因素对项目经济性的影响程度较大，从而便于根据主要影响因素进行项目分析和建设。

敏感性分析正是基于以上考虑，研究项目的不确定性因素变化对系统 NPV 值的影响程度[106]。本书针对移动式余热利用系统的经济性评价研究案例，进一步分析案例中各不确定性因素的变化范围，并计算和比较各不确定性因素的变动幅度对系统 NPV 值的影响程度。

在前文案例中，蓄热器的充热时间为3h，热源距离为10km，余热价格为3万元/年（仅考虑检修费等），系统运行年限为15年。对于三种不确定性因素，当其他两种取案例中的数值并固定不变时，分别计算充热时间为 1h、2h、3h、4h 和 5h，热源距离为 5km、

7km、10km 和 12km，余热价格为 3 万元/年、5 万元/年、7 万元/年、10 万元/年和 15 万元/年时系统 NPV 值随时间的变化情况，如图 6 - 2 ~ 图 6 - 4 所示。

从图 6 - 2 中可以看出，为了保证项目在运行年限内收回成本，即运行 15 年时的 NPV 值大于零，案例中的三种不确定性因素的变化范围分别为 1 ~ 4、5 ~ 12 和 3 ~ 7。计算三种不确定性因素变化范围内项目运行 15 年时系统的 NPV 值，计算结果如表 6 - 3 所示。

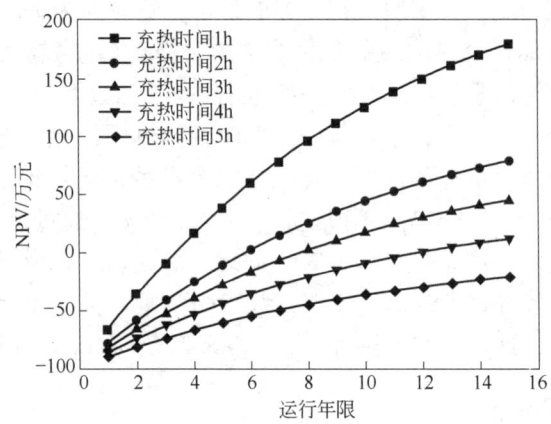

图 6 - 2　不同充热时间的移动式余热利用
系统的净现值随时间的变化情况

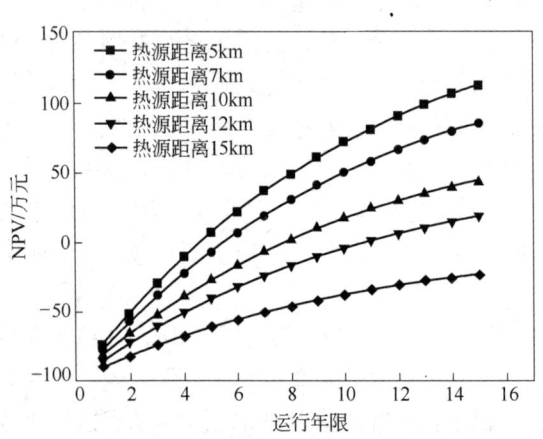

图 6 - 3　不同热源距离的移动式余热利用系统的净现值随时间的变化情况

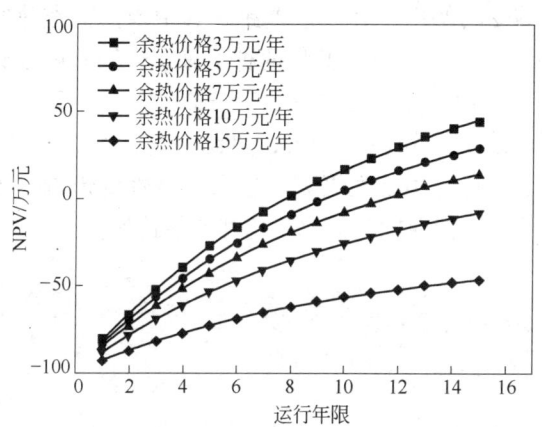

图 6-4 不同余热价格的移动式余热利用系统的净现值随时间的变化情况

表 6-3 不确定性因素变化时对应系统运行 15 年的 NPV 值

不确定 性因素	蓄热器充热时间/h				热源距离/km				余热价格/万元·a⁻¹		
	1	2	3	4	5	7	10	12	3	5	7
NPV/万元	179	79	45	12	113	86	45	18	45	30	15

根据表 6-3 中的数据绘制敏感性分析图，如图 6-5 所示。

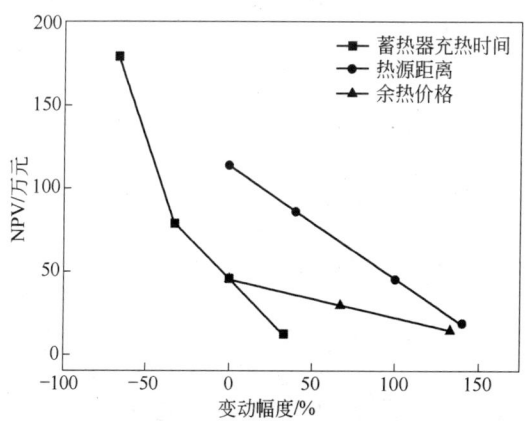

图 6-5 移动式余热利用系统的敏感性分析图

从图 6-5 中可以看出，由于受到自身变化范围的影响，三种不确定性因素的变动幅度存在一定差距。其中蓄热器充热时间的变动幅度为 -100% ~50% 之间，其他两种不确定性因素的变动幅度范围在 0 ~150% 。然而，通过对比图中三条曲线的斜率可以看出，蓄热器充热时间曲线的平均斜率最大，热源距离次之，余热价格最小。因此可以知道三种不确定性因素对项目经济性的影响程度从大到小依次为：蓄热器充热时间、热源距离和余热价格。

参 考 文 献

[1] IEA. Key world energy statistics [R]. Paris：IEA，2011.

[2] 刘世锦，张永生. 全球温室气体减排：理论框架和解决方案 [J]. 经济研究，2009，3：4～13.

[3] 国家统计局能源司. 中国能源统计年鉴 [M]. 北京：中国统计出版社，2011.

[4] 周英峰，蒋旭峰. 我国总体能源利用效率情况 [N/OL]. [2014 – 12 – 1]. http：// www. gov. cn/jrzg/2009 – 02/26/content_ 1244274. htm.

[5] 简毅文，白贞. 住宅采暖能耗与住户调节行为关系的分析研究 [J]. 建筑科学，2010，26（4）：34～37.

[6] 李金玉. 工业余热的回收利用 [J]. 节能技术，1986，3：41～44.

[7] 周耘，王康，陈思明. 工业余热利用现状及技术展望 [J]. 科技情报开发与经济，2010，23（20）：162～164.

[8] 周国清. 蓄热式燃烧技术在轧钢加热炉上的应用 [J]. 江苏冶金，2002，30（2）：41，42.

[9] 杨柏松，李运城. 蓄热式燃烧技术的开发与应用 [J]. 工业加热，2001，2：26～29.

[10] 吴亦三. 中低温余热发电系统 [J]. 节能技术，1989，5：39～43.

[11] 韩继先. 朗肯循环在回收低品位废汽余热中的应用 [J]. 无锡轻工业学院学报，1984，3（4）：23～28.

[12] 连红奎，顾春伟，李锡明. 有机朗肯循环透平设计与分析. 见：刘圆圆，等. 第五届绿色财富（中国）论坛会刊 [C]. 北京：中国环境科学出版社，2010：280～289.

[13] 张鑫，白皓，李晓娟，等. 有机朗肯循环与再热式循环低温热源发电系统热力性能研究 [J]. 工业加热，2012，41（2）：44～47.

[14] 何新平. Kalina 循环与 Rankine 循环在水泥窑低温余热发电中的热力学对比分析 [J]. 水泥技术，2010，3：106～111.

[15] 路岭，严晋跃，马一太. Kalina 循环放热过程的热力学分析 [J]. 工程热物理学报，1989，10（3）：249～251.

[16] 吕灿仁，严晋跃，马一太. Kalina 循环的研究和开发及其提高效率的分析 [J]. 热能动力工程，1991，6（1）：1～7.

[17] 安青松，史琳. 中低温热能发电技术的热力学对比分析 [J]. 华北电力大学学报（自然科学版），2012，39（2）：79～83.

[18] 黄锦涛，彭岩，郝景周. 5000t/d 水泥窑 Kalina 循环余热发电系统应用 [J]. 沈阳工程学院学报（自然科学版），2010，6（1）：6～9.

[19] 陆定原. Kalina 循环发电装置近况 [J]. 发电设备，1996，zl：21～23.

[20] 房丛丛，钱焕群. 相变蓄热技术及其应用节能 [J]. 2011，351（11）：27～30.

[21] ECES – IEA. Energy conservation through energy storage [EB/OL]. [2014 – 12 – 3].

http：//iea – eces. org/eces/organisation. html.

[22] Birchenall C E, Riechman A F. Heat storage in eutectic alloys [J]. Metallurgical Transactions A—Physical Metallurgy and Materials Science, 1980, 11：1415 ~ 1420.

[23] U. S. Department of Energy. Cost analysis of simple phase change material – enhanced building envelopes in southern U. S. climates [R]. Oak Ridge：U. S. Department of Energy, 2013.

[24] Abhat A. Development of a modular heat exchanger with an integrated latent heat storage [R]. Bonn, Germany：Germany Ministry of Science and Technology Bonn, 1981.

[25] Meisingset K K, Gronvold F. Thermodynamicproperties and phase transitions of salt hydrates between 270 and 400K [J]. The Journal of Chemical Thermodynamics, 1984, 16（6）：523 ~ 536.

[26] Feldman D, Banu D, Hawes D. Low chain esters of stearic acid as phase as phase change materials for thermal energy storage in buildings [J]. Solar Energy Materials and Solar Cells, 1995, 36（3）：311 ~ 322.

[27] Yoneda N, Takanashi S. Eutectic mixtures for solar heat storage [J]. Solar Energy, 1978, 21（1）：61 ~ 63.

[28] Yagi J, Akiyama T. Storage of thermal energy for effective use of waste heat from industries [J]. Journal of Materials Processing Technology, 1995, 48（1）：793 ~ 804.

[29] 阮德水, 张道圣, 张太平. 添加剂对三水合醋酸钠结晶速率的影响 [J]. 华中师范大学学报（自然科学版）, 1989, 23（1）：60 ~ 63.

[30] 邢登清, 迟广山, 阮德水. 多元醇二元体系固 – 固相变贮热的研究 [J]. 太阳能学报, 1995, 16（2）：131 ~ 136.

[31] 黎厚斌, 胡起柱, 阮德水. NaNO₂ – NaOAc – HCOONa 三元体系相图研究 [J]. 华中师范大学学报（自然科学版）, 1995, 29（4）：169 ~ 472.

[32] 黄志光, 吴广忠, 戴绪绮, 等. 聚光太阳灶用金属相变贮能装置的研究 [J]. 太阳能学报, 1992, 13（3）：271 ~ 275.

[33] 张仁元. 相变材料与相变储能技术 [M]. 北京：科学出版社, 2009.

[34] Zhang Y P. Numerical analysis of effective thermal conductivity of mixed solid materials [J]. Materials & Design, 1995, 16（2）：91 ~ 95.

[35] Yang R, Zhang Y, Wang X. Preparation of n – tetradecane – containing microcapsules with different shell materials by phase separation method [J]. Solar Energy Materials and Solar Cells, 2009, 93（10）：1817 ~ 1822.

[36] ECES – IEA. Completed annexes [EB/OL]. [2014 – 12 – 3]. http：//www. iea – eces. org/annexes/completed – annexes. html.

[37] Kaizawa A, Kamano H, Kawai A. Thermal and flow behaviors in heat transportation container using phase change material [J]. Energy Conversion and Management, 2008, 49（4）：698 ~ 706.

［38］ Yukitaka K. Review of Japanese R&D activity on thermal energy transportation – pre – questionnaire survey in Japan for Annex 18. In：Committee of ECES. Report of Annex 18［C］. Bad Tölz, Germany：Kick – Off Workshop of Annex 18，2005.

［39］ Fujita Y, Shikata I, Kawai A. Latent heat storage and transportation system "transheat container". In：Committee of ECES. Report of Annex 18［C］. Tokyo，Japan：IEA/ECES Annex 18，the First Workshop and Expert Meeting，2006.

［40］ Wang W L. Mobilized thermal energy storage for heat recovery for distributed heating［D］. Sweden：Mälardalen University，2010.

［41］ Wang W L, Yan J Y, Nyström J. Thermal performance of the mobilized thermal energy storage system. In：Committee of ICAE. Conference Proceedings of ICAE2011［C］. Perugia，Italy：International Conference on Applied Energy，2011.

［42］ Lin P, Wang R Z, Xia Z Z. Experimental investigation on heat transportation over long distance by ammonia – water absorption cycle［J］. Energy Conversion and Management，2009，50（9）：2331～2339.

［43］ Altgeld H, Cavelius R. Feasibility study for a mobile latent heat storage in Belgium. In：Committee of ECES. Report of Annex 18［C］. Bad Tölz, Germany：IEA/ECES Annex 18，Kick – off Workshop of Annex 18，2005.

［44］ ECES – IEA. Annexes18［EB/OL］.［2014 – 12 – 3］. http：//www. webforum. com/annex18.

［45］ A Hauer, S Gschwander, Y Kato, et al. Transportation of energy by utilization of thermal energy storage technology［R］. Pairs：ECES – IEA，2009.

［46］ Schneider A. Heat storage［EB/OL］. Alfred Schneider，［2009 – 10 – 5］. http：//www. alfredschneider. de/prod06. htm.

［47］ Schaumann G. Abwärmenutzung mit dem transheat – system［J］. Trippstadt：Innovations – und Transferinstitut Bingen GmbH，2001.

［48］ 中益能. 中益能（北京）公司蓄热器［EB/OL］.［2014 – 12 – 3］. http：//www. zhongyineng. com.

［49］ 慧聪电气网. 严把技术质量关　呼吁建立移动供热行业安全标准［EB/OL］.［2014 – 12 – 3］. http：//info. electric. hc360. com/2012/07/261039464183. shtml.

［50］ 宋婧，曾令可，任雪潭. 蓄热材料的研究现状及展望［J］. 陶瓷，2007，1：5～10.

［51］ 邹复炳，章学来. 石蜡类相变蓄热材料研究进展［J］. 能源技术，2006，4（1）：29～31.

［52］ 李春鸿. 蓄热材料与化学反应［J］. 化学通报，1983，3：31～35.

［53］ 韩瑞端，王沣浩，郝吉波. 高温蓄热技术的研究现状及展望［J］. 建筑节能，2011，39（9）：32～38.

［54］ 左远志，丁静，杨晓西. 中温相变蓄热材料研究进展［J］. 现代化工，2005，25（12）：15～19.

[55] 刘玲, 叶红卫. 国内外蓄热材料发展概况 [J]. 兰化科技, 1998, 16 (3): 168～171.

[56] 刘桂荣. 液固相变及过冷 (亚稳) 现象的观测 [J]. 物理实验, 1988, 8 (4): 158～159.

[57] 刘欣, 徐涛, 高学农. 十水硫酸钠的过冷和相分离探究 [J]. 化工进展, 2011, 30: 755～758.

[58] 王结良, 李萌, 张五龙. 有机相变材料应用的研究进展 [J]. 材料导报, 2010, 24 (10): 61～65.

[59] 葛志伟, 叶锋, 杨军. 中高温储热材料的研究现状与展望 [J]. 储能科学与技术, 2012, 2 (1): 89～102.

[60] Dincer I, MA R. Thermal energy storage: systems and applications [M]. Chichester, England: John Wiley & Sons, 2002.

[61] Lane G A. Low temperature heat storage with phase change materials [J]. Int. J. Ambient Energy, 1980, 1: 155～168.

[62] Abhat A. Low temperature latent heat thermal energy storage: heat storage materials [J]. Solar Energy, 1983, 30 (4): 313～332.

[63] Sari A, Kaygusuz K. Thermal energy storage system using some fatty acids as latent heat energy storage materials [J]. Energy Sources, 2001, 23 (3): 275～285.

[64] Sari A, Kaygusuz K. Thermal energy storage system using stearic acid as a phase change material [J]. Solar Energy, 2001, 71 (6): 365～376.

[65] Naumann R, Emons H H. Results of thermal analysis for investigation of salt hydrates as latent heat - storagematerials [J]. Thermal Analysis, 1989, 35 (3): 1009～1031.

[66] Kakiuchi H, Yamayaki M, Yabe M. A study of erythritol as phase change material. In: Committee of ECES. Report of Annex 10 [C]. Sofia, Bulgaria: 2nd Workshop of the IEA ECES IA Annex 10, 1998.

[67] Kamimoto M, Abe Y, Sawata S. Latent thermal storage unit using form - stable high density polyethylene [J]. J. Sol. Energy Eng, 1986, 108 (4): 282～289.

[68] Ye C M, Shentu B Q, Weng Z X. Thermal conductivity of high density polyethylene filled with graphite [J]. Journal of Applied Polymer Science, 2006, 101 (6): 3806～3810.

[69] 马世昌, 等. 化学物质辞典 [M]. 西安: 陕西科学技术出版社, 1999.

[70] Kaizawa A, Kamano H, Kawai A. Thermal and flow behaviors in heat transportation container using phase change material [J]. Energy Conversion and Management, 2008, 49 (4): 698～706.

[71] 山东三元生物科技股份有限公司. 蓄热材料生产厂家情况 [EB/OL]. [2014 - 12 - 3]. http://www.bzsanyuan.com/a/cn/product/.

[72] 黄海. DSC 在食品中的运用 [J]. 食品与机械, 2002, 2: 6～9.

[73] 易小红, 邹同华. 差示扫描量热法在食品热物性测量中的应用 [J]. 计量与测试技

术, 2006, 33（9）：22~23.

[74] 北京燕通石油化工有限公司. 导热油参数情况［EB/OL］.［2014 - 12 - 3］. http：//beijingyantong. ebdoor. com/Products/6765747. aspx.

[75] Osher S, Fedkiw R P. Level set methods：an overview and some recent results［J］. Journal of Computational Physics, 2001, 169（2）：463~502.

[76] Leonid K, Antanovskii. A phase field model of capillarity［J］. Phys. Fluids, 1995, 7（4）：747~753.

[77] 谷汉斌, 李炎保, 李绍武. 界面追踪的 Level Set 和 Particle Level Set 方法［J］. 水动力学研究与进展, 2005, 20（2）：152~159.

[78] 孔祥谦. 有限单元法在传热学中的应用［M］. 北京：科学出版社, 1998.

[79] Shamsundar N, Sparrow E M. Analysis of multidimensional conduction phase change via the enthalpy model［J］. J. Heat Transfer, 1975, 97（3）：333~340.

[80] Brent A D, Voller V R, Reid K J. Enthalpy - porosity technique for modeling convection - diffusion phase change：application to the melting of a pure metal［J］. Numerical Heat Transfer, 1988, 13（3）：297~318.

[81] Agyenima F, Eamesb P, Smyth M. Experimental study on the melting and solidification behaviour of a medium temperature phase change storage material（erythritol）system augmented with fins to power a LiBr/H_2O absorption cooling system［J］. Renewable Energy, 2011, 36（1）：108~117.

[82] Wang W L, Guo S P, Li H L, et al. Experimental study on the direct/indirect contact energy storage container in mobilized thermal energy system（M - TES）［J］. Applied Energy, 2014, 119：181~189.

[83] Guo S P, Zhao J, Li X. Experimental study on waste heat recovery with an indirect mobilized thermal energy storage system. In：Committee of ICAE. Conference Proceedings of ICAE2011［C］. Perugia, Italy：International Conference on Applied Energy, 2011.

[84] Cabeza L F, Mehlingb H, Hiebler S. Heat transfer enhancement in water when used as PCM in thermal energy storage［J］. Applied Thermal Engineering, 2002, 22（10）：1141~1151.

[85] Ahmet S. Form - stable paraffin/high density polyethylene composites as solid - liquid phase change material for thermal energy storage：preparation and thermal properties［J］. Energy Conversion and Management, 2004, 45（13）：2033~2042.

[86] 刘俊峰, 袁华, 杜波. 碳纳米管/导热硅脂复合材料的导热性能［J］. 材料科学与工程学报, 2009, 27（2）：271~273.

[87] Xiao M, Feng B, Gong K. Preparation and performance of shape - stabilized phase change thermal storage materials with high thermal conductivity［J］. Energy conversion and management, 2002, 43（1）：103~108.

[88] Oya T, Nomura T, Tsubota M. Thermal conductivity enhancement of erythritol as PCM by

using graphiteand nickel particles [J]. Applied Thermal Engineering, 2013, 61: 825~828.

[89] Oya T, Nomura T, Okinaka N. Phase change composite based on porous nickel and erythritol [J]. Applied Thermal Engineering, 2012, 40: 373~377.

[90] 郎宏文, 等. 技术经济性概论 [M]. 北京: 科学出版社, 2009.

[91] 山东滨州三元生物科技有限公司. 赤藻糖醇价格情况 [EB/OL]. [2014-12-3]. http://china.makepolo.com/product-detail/100010528857.html.

[92] 中国钢材价格网. 钢材价格情况 [EB/OL]. [2014-12-3]. http://www.zh818.com/html/2013/0404/5645476.asp.

[93] 上海岩诺新型建材有限公司. 岩棉保温板价格情况 [EB/OL]. [2014-12-3]. http://detail.1688.com/offer/914218786.html? cosite=tanx.

[94] 浩宇货柜服务公司. 聚氨酯保温板价格情况 [EB/OL]. [2014-12-3]. http://detail.1688.com/offer/338842048.html? spm=b2.

[95] 皇岛市海星方舱制造有限公司. 玻璃钢箱体价格情况 [EB/OL]. [2014-12-3]. http://www.c-shelter.com.cn/.

[96] 卡车之家. 卡车重量情况 [EB/OL]. [2014-12-3]. http://www.360che.com/m11/2867_index.html.

[97] 山东梁山奥驰工贸有限公司. 拖挂重量情况 [EB/OL]. [2014-12-3]. http://detail.1688.com/offer/932234079.html.

[98] 卡车之家. 公路运输运费情况 [EB/OL]. [2014-12-3]. http://bbs.360che.com/thread-255085-1-1.html.

[99] 中国煤炭资源网. 燃煤价格情况 [EB/OL]. [2013-12-3]. http://www.sxcoal.com/coal/10412/0/listnew.html.

[100] 王晓红, 吴德会. 一种燃煤发热量的综合预测方法 [J]. 煤炭科学技术, 2006, 34 (6): 16~18.

[101] 赵秀云, 李敏强, 寇纪淞. 风险项目投资决策与实物期权估价方法 [J]. 系统工程学报, 2000, 15 (3): 243~246.

[102] 中国资产评估协会. 项目的一般最大折现率情况 [EB/OL]. [2013-12-3]. http://www.cas.org.cn/pgbz/xgwttljxgwx/qyjzpgzdyjxl/2734.htm.

[103] 姜宝成, 王永镖, 李炳熙. 地源热泵的技术经济性评价 [J]. 哈尔滨工业大学学报, 2003, 35 (2): 195~198.

[104] 陈珠明. 投资回收期研究 [J]. 工业工程, 2001, 4 (1): 41~44.

[105] 姚维玲. 谈一谈如何设定内部收益率的估算起点 [J]. 商业会计, 2012, 19: 62~63.

[106] 沈又幸, 范艳霞. 基于动态成本模型的风电成本敏感性分析 [J]. 电力需求侧管理, 2009, 11 (2): 11~15.

附　录

符号说明

A_{mush}	液固混合区常数
C_0	系统的投资成本，万元
C_f	应用移动式余热利用系统节省的燃料费，万元/年
c_p	定压比热容，MJ/（kg·℃）
$c_{p,\text{O}}$	导热油的定压比热容，MJ/（kg·℃）
$c_{p,\text{PCM}}$	蓄热材料的定压比热容，MJ/（kg·℃）
$c_{p,\text{W}}$	水的定压比热容，MJ/（kg·℃）
C_t	系统运行第 t 年的成本，万元
g	重力加速度，m/s^2
h	焓值，kJ/kg
h_{ref}	参考温度对应的焓值，kJ/kg
h_s	显热焓值，kJ/kg
I	蓄热器的放热强度，kW
I_t	系统运行第 t 年的收益，万元
L	蓄热材料的相变潜热，kJ/kg
l	系统运行年限
m_{O}	导热油的质量，kg
m_{PCM}	蓄热材料的质量，kg
m_{w}	水箱内水的质量，kg
n	移动式余热利用系统一年内的供热次数
P	压力，Pa
p	燃料价格，万元/t
q	燃料的单位质量发热量，GJ/t
Q	用户侧得到的热量，MJ

Q_{max}	蓄热器的最大蓄热量，MJ
Q_r	蓄热器实际释放的放热量，GJ
$Q_{r-\tau}$	蓄热器在放热时间 τ 内释放的热量，kJ
q_{wall}	蓄热器壁面热流密度，J/（$m^2 \cdot s$）
r	折现率
S	能量方程源项
S_u	x 方向动量源项
S_w	w 方向动量源项
T	温度，℃
t	时间，s
T_{intial}	初始时刻温度，℃
T_l	熔化温度，℃
T_p	动态投资回收期，年
T_{ref}	参考温度，℃
T_s	凝固温度，℃
T_{tubes}	换热管壁面温度，℃
u	x 方向速度，m/s
V	蓄热器的体积，m^3
V_p	换热管的体积，m^3
w	z 方向速度，m/s
$\alpha_{工质-壁内侧}$	热量由工质传递到换热管壁内侧的热阻，$m^2 \cdot$ ℃/W
$\alpha_{壁内侧-壁外侧}$	热量在换热管壁间传递的热阻，$m^2 \cdot$ ℃/W
$\alpha_{壁外侧-材料}$	热量由换热管壁外侧传递到材料的热阻，$m^2 \cdot$ ℃/W
$\alpha_{材料-材料}$	热量在材料间传递的热阻，$m^2 \cdot$ ℃/W
Δh	蓄热材料的相变潜热，MJ/kg
ΔT_{PCM}	蓄热材料的温差，℃
ΔT_W	水箱内水的温差，℃
δ	换热管的壁厚，mm
ε	常数

η	热效率
η_b	锅炉效率
ρ_{PCM}	蓄热材料的密度，kg/m^3
ρ_{ref}	参考温度对应的材料密度，kg/m^3
τ	蓄热器的放热时间，s

缩写说明

DSC	differential scanning calorimetry	差式扫描量热法
ECES	energy conservation through energy storage	储能节能（机构）
HDPE	high density polyethylene	高密度聚乙烯
FRP	fiber reinforced plastics	玻璃钢材料
IEA	international energy agency	国际能源组织
IRR	inner rate of return	内部收益率
MWHU	mobilized waste heat utilization	移动式余热利用技术
NPV	net present value	净现值
ORC	organic Rankine cycle	有机朗肯循环
PBP	pay back period	投资回收期